香港四季色

《香港四季色 —— 身邊的植物學：春》
作者：劉大偉、王天行、吳欣娘
編輯：王天行
3D 模型師：王顥霖

封面及內頁插畫：陳素珊
詞彙表繪圖：潘慧德

國際統一書號 (ISBN)：978-988-237-301-3

出版：香港中文大學出版社
香港新界沙田・香港中文大學
傳真：+852 2603 7355
電郵：cup@cuhk.edu.hk
網址：cup.cuhk.edu.hk

Botany by Your Side: Hong Kong's Seasonal Colours—Spring (in Chinese)
By David T. W. Lau, Tin-Hang Wong and Yan-Neung Ng
Editor: Tin-Hang Wong
3D Modeler: Ho-lam Wang

Cover and inside page Illustrations: Sushan Chan
Glossary Illustrations: Poon Wai Tak

ISBN: 978-988-237-301-3

Published by The Chinese University of Hong Kong Press
The Chinese University of Hong Kong
Sha Tin, N.T., Hong Kong
Fax: +852 2603 7355
Email: cup@cuhk.edu.hk
Website: cup.cuhk.edu.hk

香港四季色

—身邊的植物學—

劉大偉、王天行、吳欣娘 編著

王顥霖 3D模型繪圖製作

01

春

目錄

序 劉大偉 　/vii

關於本書 　/ix

植物詞彙表 　/xi

紫色系

紅花檵木/p.2

紅花荷/p.6

錦繡杜鵑/p.10

藍花楹/p.14

宮粉羊蹄甲/p.18

短穗魚尾葵/p.22

棟/p.26

紅色系

火焰木/p.30

象牙花/p.34

黃牛木/p.38

串錢柳/p.42

木棉/p.46

樟葉朴/p.50

黃色系

王棕 /p.54

中國無憂花 /p.58

銀樺 /p.62

紫檀 /p.66

黃花風鈴木 /p.70

日本葵 /p.74

綠色系

蒲桃 /p.78

蒲葵 /p.82

刨花潤楠 /p.86

白色系

荷花玉蘭 /p.90

山指甲 /p.94

白花羊蹄甲 /p.98

石斑木 /p.102

香港中文大學校園 100 種植物導覽地圖　/p.106

團隊簡介　/p.109

鳴謝　/p.111

序

劉大偉

香港中文大學生命科學學院
胡秀英植物標本館館長

小時候我最喜愛的夏日甜點是涼粉，皆因其清涼及爽彈的口感，於是一直很好奇它的製作材料是什麼。到大學時代我參加了草藥班，才發現拿來製作黑涼粉的食材就是草本植物涼粉草，製作白涼粉的是攀援灌木薜荔，認識了這些物種的植物分類、藥物應用和食用價值的範疇後，自此每每遇見這些品種時，都別具親切感。

那麼，植物在我們心中有何角色？一般而言，大眾也許會把植物與人類的生產工具、食物、藥物、休憩場地，甚至跟朋友聯想在一起。從科學上去理解，植物是與人類共存及共同進化的生物。不論如何去理解，植物每天總會在我們身邊出現，是我們生活的必需品，甚至意想不到地能救我們一命。

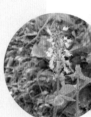

涼粉草

薜荔

植物的存在如此重要，小時候雖然學校有教授自然課，但往後我們能認識植物的機會卻寥寥可數，大部分市民對植物都感到一定的陌生。要改變這種現況不容易，皆因植物學並非一門能讓人賺錢的學問，難以提起學生的興趣，植物學中的分類及鑒定目前更處於式微之際。事實上，增進大眾植物學的知識能令自然生態、食物來源、藥物開發得以持續發展，我們有必要加深了解及應用這門基礎科學，讓知識得以傳承下去。

擁有豐富的植物物種和生態環境，正是香港植物多樣性的特點，為研究、保育及教育提供了十分優良的條件。由於多樣性的植物是香港的寶貴資源，順理成章成為胡秀英植物標本館最佳的研究和出版題材。它們生長於郊

區、市區、行人道旁、公園、校園等空間，是我們每天都能接觸到和與之互動的。能進一步認識這些本地的物種，尤其是正確名稱、生長狀態、花果期、生態、民俗植物學、趣聞等資訊，都有助我們去了解和欣賞身旁的一草一木，人與植物共融生活在同一社區內，亦是保育生物多樣性的先決條件。

位於中文大學校園這個小社區內，已記錄超過300種植物品種，包括原生及觀賞種，組成不同類型的植被：次生林、河旁植被、草坡、農地、庭園、藥園等，在中大校園內遊覽，已經可以學習到豐富的植物物種。多樣化的物種所展現的花、果、葉各種色彩，使校園像一幅不同色系的風景畫般，隨著四季變換持續地帶給我們新鮮感，這正是中大校園的特色及悠然之處。

本套書以四季做為分冊，輯錄了香港市區及郊野常見的100種植物，亦是生長在中大校園內的主要品種，以開花季節、花色、果色、葉色做為索引，讀者即使不清楚植物的名稱，循線便可尋得品種及其科學資訊。更可透過本館所製作果實和種子的高清3D結構模型圖，以及由VR記錄的生長狀況，用嶄新的角度去認識植物。本書及本館的網上資料庫，糅合欣賞、科研和學習的功能，讀者於不同季節到訪中文大學，都可運用本書為導覽，親身欣賞到各種植物的自然生長環境和開花結果的情況，並與書做對照。

植物一直默默陪伴在身邊而我們卻總是視而不見，期待本書能重新把人和植物連結起來；只要我們用心顧盼，越是了解便越會尊重與珍視植物，使得香港植物的多樣性能一直保存下去。

關於本書

有別於一般專業植物分類學鑒別圖鑑,本書透過淺白的文字,以植物在季節的突出顏色變化,為大眾市民探索一直與我們一起生活的100種植物。當中包括原生及外來的不同品種,喬木、灌木及攀援等不同的生長形態,具有比彩虹七色更豐富的不同色彩。還為每個品種的葉、花、果及莖或樹幹的簡易辨認特徵,配以相關辨認特徵的高清照片,讓讀者更容易在香港各種類型的社區裏尋找到它們的蹤影。本書有助大眾了解植物分類學及增進生物多樣性的基礎知識。

本書特點

- **如何快速查找植物:**按季節分成春、夏、秋、冬四冊,每冊依據各品種最為突出的顏色(花色、果色或葉色):紫、紅、橙、黃、綠、白或灰色系編排,讓讀者便捷地找到相關品種的資料,以直觀的方式代替傳統的科學分類檢索方法。
- **關於每個品種,你會學到:**以四頁篇幅介紹每個品種,包括:品種的中英文常用名稱、學名與科名;「關於品種」扼要描述品種的用途、民俗植物知識等;「基本特徵資料」條列各品種的生長形態、葉、花、果的形狀和顏色等辨認特徵。每個品種均配上大量以不同角度與焦距拍攝的照片,清楚展示植物結構,輔以簡明的圖說,介紹品種的生長特徵和環境。
- **增加中英文詞彙量:**附有植物特徵的中英文詞彙,認識植物學之餘同時輕鬆學習相關詞彙。
- **數碼互動:**每個品種均有「植物在中大」和「3D植物模型」二維碼,透過數碼互動媒體,讀者能觀賞到植物所處的生態環境,和果實種子等的立體結構、大小和顏色。

 春季

春季在寒冬過後,大地回暖,恢復生機,是很多植物配合久違了的動物活動萌芽開花的季節。本冊以在春季花期,呈現出顯著花色的品種為主題,共計25種包括:紫、紅、黃、綠、白等色系;加上1種擁有鮮艷的紫紅色葉片品種,全冊共載26種。

本書使用的分類系統以被子植物 APG IV 分類法為準，植物學名、特徵及相關資訊的主要參考文獻：

- 中國科學院植物研究所系統與進化植物學國家重點實驗室：iPlant.cn 植物智
  https://www.iplant.cn/
- Hong Kong Herbarium: HK Plant Database
  https://www.herbarium.gov.hk/en/hk-plant-database
- Missouri Botanical Garden: Tropicos
  https://www.tropicos.org/
- Royal Botanic Gardens: Plant of the World Online
  https://powo.science.kew.org/
- World Flora Online
  http://www.worldfloraonline.org/

植物藥用資訊參考：

- 香港浸會大學：藥用植物圖像數據庫
  https://library.hkbu.edu.hk/electronic/libdbs/mpd
- 香港浸會大學：中藥材圖像數據庫
  https://library.hkbu.edu.hk/electronic/libdbs/mmd/index.html

植物結構顏色定義參考：

- 英國皇家園林協會 RHS 植物比色卡 第6版（2019 重印）
- Henk Beentje (2020). *The Kew Plant Glossary: An illustrated dictionary of plant terms.* Second Edition. Kew Publishing.
- 維基百科 —— 顏色列表
  https://zh.wikipedia.org/zh-hk/顏色列表
- Color meaning by Canva.com
  https://www.canva.com/colors/color-meanings/
- The Colour index
  https://www.thecolourindex.com/

植物詞彙表

I. 葉形

長針形 Acicular	心形 Cordate	橢圓形 Elliptic	劍形 Ensiform	鐮刀形 Falcate

扇形 Flabellate or Fan-shaped	戟形 Hastate	披針形 Lanceolate	線形 Linear

倒披針形 Oblanceolate	長圓形 Oblong	倒卵形 Obovate	三角形 Triangular	倒三角形 Obtriangular

圓形 Orbicular	卵形 Ovate	菱形 Rhombic	箭形 Sagittate	鱗片狀 Scale-like

匙形 Spatulate	尖錐形 Subulate	鏟形 Trullate / 箏形 Kite-shaped	羊蹄形 Goat's foot shaped

II. 果實形狀

盤狀
Discoid

長圓狀
Obloid

紡錘狀
Fusiform

球狀
Globose

晶體狀
Lenticular

倒卵狀
Obovoid

卵狀
Ovoid

扁橢圓球狀
Oblate ellipsoid

垂直橢圓球狀
Prolate ellipsoid

梨狀
Pyriform

半球狀
Semiglobose

近球狀
Subglobose

三角形球狀
Triangular-globose

陀螺狀
Turbinate

平面帶狀
Strap-shaped

III. 花序形狀

頭狀花序
Capitulum / Head

複二歧聚傘花序
Compound dichasium

傘房花序
Corymb

聚傘花序
Cyme

簇生
Fascicle

隱頭花序
Hypanthodium

圓錐花序
Panicle

總狀花序
Raceme

肉穗花序
Spadix

穗狀花序
Spike

傘形花序
Umbel

春

紅花檵木

Red Strap Flower

中文常用名稱： **紅花檵木**
英文常用名稱： **Red Strap Flower**
學名 ： *Loropetalum chinense* var. *rubrum* Yieh
科名 ： **金縷梅科 Hamamelidaceae**

關於紅花檵木

紅花檵木是引進的觀賞種，原產地中國廣西及湖南。最常見的特徵便是鮮紫紅色的花瓣，具熒光、鮮明的顏色。小枝具備活躍的新芽和分枝，可修剪成多樣化的形狀。尤其在春季花期紅花密集，構成大紅球的小樹景，甚為奪目。研究發現本種在較冷的環境下，可助長開花，原因是低溫增加植物激素──吉貝素的分泌，因此在較冷地區栽培本種，可提高其觀賞價值。

基本特徵資料

生長形態

常綠灌木或小喬木
Evergreen Shrub or Small Tree

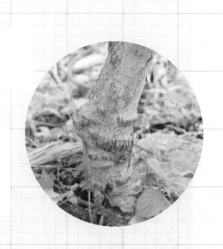

莖皮

- 灰褐色 Greyish brown
- 不具裂紋 Not fissured
- 有剝落 Flaky

葉

- 葉序：互生 Alternate
- 複葉狀態：單葉 Simple leaf
- 葉邊緣：不具齒 Teeth absent
- 葉形：橢圓形或倒卵形 Elliptic or obovate
- 葉質地：薄革質 Thinly leathery

倒卵形

花

- 主要顏色：深紫紅色 Magenta ●
- 花期： 1 2 **3 4 5** 6 7 8 9 10 11 12

果

- 形狀：卵狀 Ovoid
- 主要顏色：淡黃褐色 Buff ●
- 果期： 1 2 3 4 **5 6 7** 8 9 10 11 12

其他辨認特徵

- 葉呈暗紅色
- 葉面和葉底有毛
- 葉脈明顯

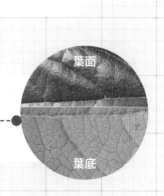

葉面

葉底

❶ 引入園藝物種，因其嫩枝與葉片呈深紫紅色，與其他大部分綠籬植物有所不同，能搭配出不同色彩和圖案效果

❷ 花通常3至8朵為1簇，花冠上有4片帶形花瓣。

❸ 花序柄有毛，圖中較淺色的杯狀結構是花萼，頂端有花萼裂片。

❹ 有4枚雄蕊和4枚沒有花藥的退化雄蕊。

❺ 結果時蒴果通常1至4個排在一起，長約9毫米，有五分之一被花萼的殘留包著；表面有褐色星狀絨毛，圖中為發育中的果實。

❻ 紅花檵木是檵木的紅花變種，原種的葉是綠色，圖中可見部分葉變回綠色。

❼ 紅花檵木的葉片顏色沒有季節性的變化；能對空氣污染及修剪有較高適應力，多用作園景色塊布置或修剪成球形，常用於美化公園、庭院和道路，圖中園景位於大埔海濱公園。

植物在中大 在VR虛擬環境中觀賞真實品種   3D植物模型 掃描QR code觀察立體結構

參考文獻

1. Zhang, D., Chen, Q., Zhang, X., Lin, L., Cai, M., Cai, W., Liu, Y., Xiang, L., Sun, M., Yu, X., & Li, Y. (2022) Effects of low temperature on flowering and the expression of related genes in *Loropetalum chinense* var. rubrum. *Frontiers in Plant Science.* 13, Article 1000160. https://doi.org/10.3389/fpls.2022.1000160

紅花荷

中文常用名稱： **紅花荷、紅苞木、吊鐘王**
英文常用名稱： **Rhodoleia**
學名 ： *Rhodoleia championii* Hook.
科名 ： **金縷梅科 Hamamelidaceae**

關於紅花荷

紅花荷是金縷梅科植物，這是一個很原始和歷史悠久的植物科，從白堊紀及第三紀的地層已發現有金縷梅科植物的化石，因此這科的植物早於1.45億年前已在地球存在。根據一項位於南昆山國家森林公園的研究，發現暗綠繡眼鳥在吸食本種的花蜜時，可幫助傳播花粉。運用進化、地區分布、分子親緣、化石等的證據可以推斷紅花荷屬植物與暗綠繡眼鳥早於漸新世 (Oligocene)，約2,300萬年前已經是生態盟友。本種的花結構也很特別，除了花色特鮮紅外，每朵紅色花其實都是一個花序，內含很多小花。

基本特徵資料

生長形態

常綠喬木 Evergreen Tree

樹幹

- 不具裂紋 Not fissured
- 沒有剝落 Not flaky
- 深褐色 Sepia

葉

- 葉序：互生 Alternate
- 複葉狀態：單葉 Simple leaf
- 葉邊緣：不具齒 Teeth absent
- 葉形：橢圓形或卵形 Elliptie or ovate
- 葉質地：厚革質 Thick leathery

卵形

花

- 主要顏色：深紫紅色 Magenta ●
- 花期： 1 **2 3 4** 5 6 7 8 9 10 11 12

果

- 形狀：卵形球狀 Ovoid-globose
- 主要顏色：褐色 Brown ●
- 果期： 1 2 3 4 **5 6 7 8** 9 10 11 12

標本照片

7

❶ 頭狀花序具多朵小花集合而成，花蜜豐富，常　❺ 原生物種，主幹可高達12米，枝葉茂密。
　　吸引昆蟲到訪，通常向下彎垂。　　　　　　　❻ 紅花荷是受保護物種，已列入香港法例第96
❷ 花冠上有鱗片形狀的小苞片5至6片，表面有　　　章，同時列入《香港稀有及珍貴植物》易危級別，
　　褐色的毛。　　　　　　　　　　　　　　　　　多數植株均是人工栽種在園景或有人員護理的地
❸ 雄蕊與花瓣等長，花絲無毛。　　　　　　　　　點，少見作為行道樹。
❹ 果實為蒴果，長1.2厘米，成熟後開裂，圖中
　　為紅花荷的果實標本。

① ② ③ ④ ⑤ ⑥

植物在中大

在VR虛擬環境中觀賞真實品種

3D植物模型 掃描QR code觀察立體結構

參考文獻

1. Gu, L., Luo, Z., Zhang, D., & Renner, S. S. (2010). Passerine pollination of *Rhodoleia Championii* (Hamamelidaceae) in subtropical China. *Biotropica, 42*(3), 336–341. https://doi.org/10.1111/j.1744-7429.2009.00585.x

錦繡杜鵑

中文常用名稱： **錦繡杜鵑**
英文常用名稱： **Lovely Azalea, Beautiful Azalea**
學名 ： *Rhododendron × pulchrum* Sweet
科名 ： **杜鵑花科 Ericaceae**

關於錦繡杜鵑

別名鮮艷杜鵑，原產日本，現引進至中國及亞熱帶各地為觀賞種，野生群落已失去蹤跡。小型常綠灌木，常見1至2米高，容易管理，因此在本地大量栽培成綠化圍欄的植被。本種具備吸收重金屬的效能，可幫助淨化泥土，透過評估葉中的重金屬含量，可推斷附近環境的污染程度。主要影響本種花色的成份是黃酮類化合物及花青素，從而衍生成不同變種的花色，包括紫、白及粉紅。

基本特徵資料

生長形態

常綠灌木 Evergreen Shrub

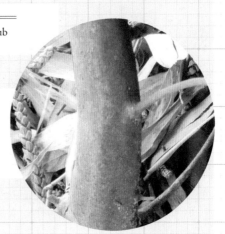

莖皮 𝕏

- 淡灰褐色 Buff
- 不具裂紋 Not fissured
- 沒有剝落 Not flaky

葉 🍃

- 葉序：互生 Alternate
- 複葉狀態：單葉 Simple leaf
- 葉邊緣：不具齒 Teeth absent
- 葉形：橢圓形 Elliptic
- 葉質地：薄革質 Thinly leathery

花 🌸

- 主要顏色：纈草紫色 Heliotrope ●
- 花期： 1 2 3 4 5 6 7 8 9 10 11 12

果 🥒

- 在本港罕見結出果實

其他辨認特徵

- 葉面深綠色，初時散生淡黃褐色糙伏毛，後近於無毛，葉面中脈和側脈在上面凹下
- 葉底淡綠色，被微柔毛和糙伏毛，葉底葉脈顯著凸出

❶ 花冠漏斗形,有5片花瓣狀的結構。

❷ 有10條雄蕊,1條雌蕊,1花瓣有深紫紅色斑點。

❸ 花冠脫落後,可清楚觀察到子房表面布滿毛,但花柱無毛。

❹ 花色較淺的狀態,圖為本館「虛擬立體標本館」網頁內花的3D模型記錄。

❺ 外來物種,灌木狀態高約2至5米,圖中為在郊區沒有經常被修剪時的狀態。

❻ 在市區生長時,通常持續被修剪的形態。

❼ 常栽種在市區作為園藝用途,在不少建築物門前也可找到它們的踪影,圖中位置為香港太古城。

參考文獻

1. Chen, X., Feng, J., Mou, H., Liang, Z., Ding, T., Chen, S., & Li, F. (2022). Utilization of indole acetic acid with *Leucadendron rubrum* and *Rhododendron pulchrum* for the phytoremediation of heavy metals in the artificial soil made of municipal sewage sludge. *Toxics, 11*(1), Article 43. https://doi.org/10.3390/toxics11010043

2. Suzuki, K., Yabuki, T., & Ono, Y. (2009). Roadside *Rhododendron pulchrum* leaves as bioindicators of heavy metal pollution in traffic areas of Okayama, Japan. *Environmental Monitoring and Assessment, 149*(1-4), 133–141. https://doi.org/10.1007/s10661-008-0188-7

3. Wang, S., Huang, S., Yang, J., Li, Z., Zhang, M., Fang, Y., Yang, Q., & Jin, W. (2021). Metabolite profiling of violet, white and pink flowers revealing flavonoids composition patterns in *Rhododendron pulchrum* Sweet. *Journal of Biosciences, 46*(1), Article 3. https://doi.org/10.1007/s12038-020-00125-3

藍花楹

中文常用名稱： **藍花楹**
英文常用名稱： Jacaranda
學名　　　　： *Jacaranda mimosifolia* D. Don
科名　　　　： **紫葳科 Bignoniaceae**

關於藍花楹

藍花楹原產於巴西、玻利維亞、阿根廷。花色具獨特的紫藍，其成長高度約十多米，在熱帶地區廣泛種植。亦有地理及氣候為基礎研究本種的栽培優勢，本種並獲最佳評級。於香港常見栽培作庭園觀賞，亦為行道樹。其落葉以小葉為主，雖然較容易沖刷清理，但亦增加保養管理的費用。本種的葉提取物可應用防治粟米的莖腐病。花具含豐富的多酚抗氧化劑，有天然藥物的開發潛力。

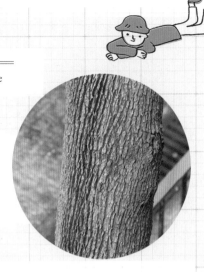

基本特徵資料

生長形態

落葉喬木 Deciduous Tree

樹幹

- 灰褐色 Greyish brown
- 具裂紋 Fissured
- 沒有剝落 Not flaky

葉

- 葉序：對生 Opposite
- 複葉狀態：奇數二回羽狀複葉 Odd-bipinnately compound leaf
- 小葉邊緣：不具齒 Teeth absent
- 小葉葉形：窄橢圓形，兩端尖細 Narrowly elliptic with pointed ends
- 葉質地：紙質 Papery

花

- 主要顏色：薰衣草紫色 Lavender ●
- 花期： 1 2 3 **4 5 6** 7 8 9 10 11 12

果

- 形狀：晶體狀 Lenticular
- 主要顏色：淡褐色 Pale brown ●
- 果期： 1 2 3 4 **5 6 7 8 9 10** 11 12

標本照片

其他辨認特徵

- 藍花楹和鳳凰木的複葉狀態相十分似，但鳳凰木為偶數二回羽狀複葉。另外，藍花楹的葉為對生，小葉是尖頭；而鳳凰木的葉為互生，小葉是圓頭。

❶ 花大致鐘狀，基部成筒狀。

❷ 花多密集，長於枝條頂端，雖然以藍為植物名稱，卻是紫色花。

❸ 果實為木質朔果，未成熟時綠色。

❹ 果實成熟時從邊緣裂開，長寬均約5厘米。

❺ 樹幹可高達20米（箭頭指示處為藍花楹）。

❻ 外來物種，多栽種作為綠化市區的行道樹，也常見於園景及廣場，花期來臨時，樹冠上密集的花群為社區帶來優美的紫花。

植物在中大

在VR虛擬環境中觀賞真實品種

3D植物模型

掃描QR code觀察立體結構

參考文獻

1. Aguirre-Becerra, H., Pineda-Nieto, S. A., García-Trejo, J. F., Guevara-González, R. G. Feregrino-Pérez, A. A., Álvarez-Mayorga, B. L., & Rivera Pastrana, D. M. (2020). Jacaranda flower (*Jacaranda mimosifolia*) as an alternative for antioxidant and antimicrobial use. *Heliyon, 6*(12), Article e05802. https://doi.org/10.1016/j.heliyon.2020.e05802

2. Naz, R., Bano, A., Nosheen, A., Yasmin, H., Keyani, R., Shah, S. T. A., Anwar, Z., & Roberts, T. H. (2021). Induction of defense-related enzymes and enhanced disease resistance in maize against Fusarium verticillioides by seed treatment with *Jacaranda mimosifolia* formulations. *Scientific Reports, 11*(1), Article 59.

3. Xie, C., Zhang, G., Jim, C., Liu, X., Zhang, P., Qiu, J., & Liu, D. (2021). Bioclimatic suitability of actual and potential cultivation areas for *Jacaranda mimosifolia* in Chinese cities. *Forests, 12*(7), Article 951. https://doi.org/10.3390/f12070951

宮粉羊蹄甲

中文常用名稱： **宮粉羊蹄甲**
英文常用名稱： **Camel's Foot Tree**
學名 ： *Bauhinia variegata* L.
科名 ： **豆科 Fabaceae**

關於宮粉羊蹄甲

於《中國植物誌》稱為洋紫荊，別名紅紫荊。本種是引入的觀賞種，能適應香港氣候及市區的種植環境，再者近全年開花，可提供一定量的蜜源，已廣泛採用成行道樹。民間曾將花芽、嫩葉及幼果作食材之用。葉是印度傳統醫學的草藥，藥理作用是幫助免疫調節。本種含優質的纖維成分，於攝氏345度高溫下仍能保持穩定，可代替人工纖維製成複合材料。

基本特徵資料 --

生長形態

落葉喬木 Deciduous Tree

樹幹

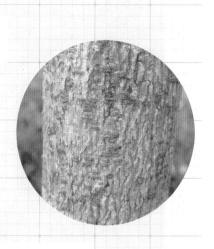

- 灰褐色 Greyish brown
- 具條紋 Striated
- 沒有剝落 Not flaky

葉

- 葉序：互生 Alternate
- 複葉狀態：單葉 Simple leaf
- 葉邊緣：不具齒 Teeth absent
- 葉形：羊蹄形 Goat's foot shaped
- 葉質地：紙質 Papery

花

- 主要顏色：木槿紫色 Mauve ●
- 花期： 1 2 **3** 4 5 6 7 8 9 10 11 12

果

- 形狀：帶狀 Strap-shaped
- 主要顏色：綠色，成熟時黑色 Green, black when ripe ●
- 果期： 1 2 3 **4** 5 6 7 8 9 10 11 12

其他辨認特徵

- 葉末端分裂成 2 邊鈍頭或半圓形，分裂的長度約 1/3 總葉長，葉片連接葉柄的部分為心形

① 花多生長在枝條頂端，也可從主幹旁邊長出，常在新葉長出前盛放。

② 在花盛開時，可觀察到在雄蕊當中有1至5條是退化了，並沒有花藥，只有絲狀的結構。

③ 莢果成熟後裂開，內有成熟種子。

④ 果實為莢果，長約15至25厘米，未成熟時綠色至淺褐色。

⑤ 有5片花瓣，其中一片具明顯的暗紫色及黃綠色條紋。

⑥ 當植土面積足夠和養分豐富時，植株高度可達10米以上，樹冠廣闊，枝條茂密，開花季節時，花葉夾雜，圖中植株位於大埔市區內。

⑦ 作為與近親洋紫荊的交替品種，經常栽種在各區花圃或路旁作為行道樹。

⑧ 開花後期，花冠顏色會顯得較淺，植株花朵顏色變化增加了本種的觀賞價值。

植物在中大

在VR虛擬環境中觀賞真實品種

掃描QR code觀察立體結構

3D植物模型

參考文獻

1. Saha, S., & Subrahmanyam, E. V. S. (2023). Evaluation of Immunomodulatory Effect of Aqueous Extract of *Bauhinia variegata* L. Leaves. *Indian Journal of Pharmaceutical Education and Research*, 57(1), S135–S139. https://doi.org/10.5530/ijper.57.1s.15

2. Varma, V., K., & Sarangi, S. K. (2022). Comprehensive Characterization of Novel Natural Fiber from *Bauhinia variegata* Plant. *Journal of Natural Fibers*, 19(17), 15585–15599. https://doi.org/10.1080/15440478.2022.2131679

短穗魚尾葵

中文常用名稱： **短穗魚尾葵、小魚尾葵**
英文常用名稱： **Lesser Fishtail Palm, Small Fishtail Palm**
學名　　　　： *Caryota mitis* Lour.
科名　　　　： 棕櫚科 Arecaceae

關於短穗魚尾葵

短穗魚尾葵原產地為印度至菲律賓群島一帶，原始生境為低海拔的雨林及次生林。本種適應力強，在東南亞廣泛種植，本地引種為庭園觀賞植物，常呈數米高的灌木狀。其果實漿果狀，且數量多，能提供食物給果食動物。但本種在其他地區常有真菌感染，引種新群落時應留意其染病的情況。

生長形態

常綠大型灌木 Evergreen Large Shrub

莖皮

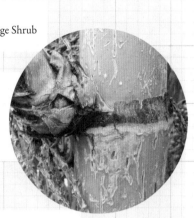

- 淺綠色 Light green
- 不具裂紋 Not fissured
- 沒有剝落 Not flaky

葉

- 葉序：互生 Alternate
- 複葉狀態：二回羽狀 Bipinnate
- 羽片邊緣：具齒 Teeth present
- 羽片葉形：倒三角形 Obtriangular
- 葉質地：幼葉較薄，老葉近革質
  Young leaf papery, mature leaf most leathery

花

- 主要顏色：紫丁香色 Lilac ●
- 花期： 1 2 3 **4 5 6** 7 8 9 10 11 12

果

- 形狀：球狀 Globose
- 主要顏色：紫黑色
  Purplish black when ripe ●
- 果期： 1 2 3 4 5 6 7 **8 9 10 11** 12

其他辨認特徵

- 葉鞘邊緣具網狀的褐黑色纖維
- 小葉 (小羽片) 狀似魚尾

❶ 花多，聚集生長在一束束下垂的條狀結構上。

❷ 每組花串在未成熟時，在一個如大型糙皮的結構（佛焰苞）所包裹，其後花串逐漸成熟並從這個結構中露出垂在空中。

❸ 果實為漿果狀核果，每個果實有1枚種子。

❹ 花串上的每朵花均有機會結成果實，圖中為果實尚未成熟時，呈現串串綠色果串的狀態。

❺ 部分果實開始成熟時處於不同顏色階段，由綠至橙，橙至紅及後期由紅變紫，最後變成紫黑色。

❻ 密集的花串在主莖最下層的葉片下叢生，一般長約25至40厘米。

❼ 喬木狀時，主莖明顯沒有分枝，高度通常達5至8米。

❽ 外來物種，多栽種為園藝用途，多見於市區行道或人工園林分隔區。

❾ 葉片多在主莖頂部生長，但也有少數生長在較低位置，魚尾形的小葉片有觀賞價值，在綠化社區時帶來有趣感覺的葉片。

❿ 魚尾形的小葉片（小羽片）。

植物在中大　在VR虛擬環境中觀賞真實品種　　3D植物模型　掃描QR code觀察立體結構

參考文獻

1. Ashfaq, M., Anjum, M. A., Hafeez, R., Ali, A., Haider, M. S., Ali, M., Chattha, M. B. , Ahmad, S. R., Ahmad, F., Khan, F., & Sajjad, M. (2017). First report of Fusarium equiseti causing brown leaf spot of fishtail palm (*Caryota mitis*) in Pakistan. *Plant Disease, 101*(5), 840. https://doi.org/10.1094/PDIS-11-16-1585-PDN

2. Quek, Z. B. R., Chui, S. X., Lam, W. N., Fung, T. K., & Sivasothi, N. (2020). Autecology of the common fishtail palm, *Caryota mitis* (Arecaceae), in Singapore. *Botany Letters, 167*(2), 265–275. http://doi.org/10.1080/23818107.2020.1717612

3. Ul haq, I., Ijaz, S, Faraz, A., Sarwar, M. K., Latif, M. Z., & Khan, N. A. (2020). First report of leaf spots in *Caryota mitis* L. caused by *Alternaria alstroemeriae* in Pakistan. *Journal of Plant Pathology, 102*(2), 585. https://doi.org/10.1007/s42161-019-00471-8

4. Zhu, H., Qin, W. -Q., Liu, L., & Yan, W. (2015). First report of leaf spot of clustering fishtail palm (*Caryota mitis*) caused by *Lasiodiplodia jatrophicola* in China. *Plant Disease, 99*(7), 1038. https://doi.org/10.1094/PDIS-10-14-1065-PDN

楝

中文常用名稱： **楝、苦楝、森樹**
英文常用名稱： Chinaberry, Persian Lilac
學名　　　　： *Melia azedarach* L.
科名　　　　： **楝科** Meliaceae

關於楝

楝雖非本地原生種，但其分布廣泛，包括次生林緣、村落旁亦有栽培。與本地原生物種共存，果實可作為一些林鳥或蝙蝠的食物，在自然生態具備角色。本種可作觀賞，亦可提供優良木材及使用為傳統民族藥，常用於殺寄生蟲。但其根皮及樹皮具毒性，如作入藥使用，必須經嚴格劑量限制和臨床判斷。

基本特徵資料

生長形態

落葉喬木 Deciduous Tree

樹幹

- 灰褐色　Greyish brown
- 具裂紋　Fissured
- 沒有剝落 Not flaky

葉

- 葉序：互生 Alternate
- 複葉狀態：奇數二至三回羽狀複葉
  Odd-bipinnately compound or odd-tripinnately compound leaf
- 小葉邊緣：具齒　Teeth present
- 小葉葉形：橢圓形或披針形 Elliptic or lanceolate
- 葉質地：紙質 Papery

花

- 主要顏色：淡白紫色 Pale lilac
- 花期： 1 2 3 **4 5** 6 7 8 9 10 11 12

果

- 形狀：近球狀 Subglobose
- 主要顏色：黃色 Yellow
- 果期： 1 2 3 4 5 6 7 8 9 **10 11 12**

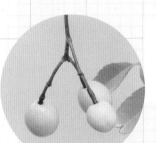

其他辨認特徵

- 除頂生小葉外，其餘小葉左右不對稱
- 小葉葉尖長漸尖

❶ 通常有5片花瓣，芳香。花中央紫色的部分是
由雄蕊花絲組成的雄蕊管。

❷ 果實為核果，長約1至2厘米。

❸ 樹身高大，最高可達30米，圖為本種在中大
山村徑生長的狀態，可見主幹粗壯，高約10
至12米。

❹ 引入物種，通常作為行道樹在市區生長，當春季
花期來臨時，為社區帶來一點優雅的白紫色彩。

❺ 也有部分在郊區生長，圖中植株是還未成為喬木
時的形態。

植物在中大　在VR虛擬環境中觀賞真實品種

3D植物模型　掃描QR code觀察立體結構

參考文獻

1. Phua, D. H., Tsai, W. -J., Ger, J., Deng, J. -F., & Yang, C. -C. (2008). Human *Melia azedarach* poisoning. *Clinical Toxicology, 46*(10), 1067–1070. https://doi.org/10.1080/15563650802310929

2. Sharma, D. & Paul, Y. (2013). Preliminary and pharmacological profile of *Melia azedarach* L.: An overview. *Journal of Applied Pharmaceutical Science, 3*(12), 133–138. https://doi.org/10.7324/JAPS.2013.31224

火焰木

中文常用名稱： **火焰木、火焰樹**
英文常用名稱： **African Tulip Tree**
學名　　　　： *Spathodea campanulata* P. Beauv.
科名　　　　： **紫葳科 Bignoniaceae**

關於火焰木

別名火燒花，原產非洲熱帶地區，因其樹形優美及花色鮮桔紅，花序頂生和奪目，已在多個熱帶國家栽培成風景觀賞樹種。火焰木從民間傳統使用至藥理研究都有不少記載，但其傳播及生長強盛，例如在斐濟本種已成入侵種，並對當地的極危品種 *Pterocymbium oceanicum* A.C.Sm.（錦葵科舟翅桐屬植物）構成威脅。本種的花瓣可提取成天然染料，更可混合不同的媒染劑，為絲綢染上多款色彩。

基本特徵資料

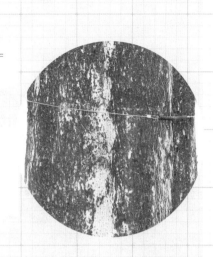

生長形態

常綠喬木 Evergreen Tree

樹幹

- 灰褐色 Greyish brown
- 不具裂紋 Not fissured
- 沒有剝落 Not flaky

葉

- 葉序：互生 Alternate
- 複葉狀態：奇數一回羽狀複葉 Odd-pinnately compound leaf
- 小葉邊緣：不具齒 Teeth absent
- 小葉葉形：橢圓形或卵形 Elliptic or ovate
- 葉質地：紙質 Papery

橢圓形

花

- 主要顏色：橙紅色 Orange red ●
- 花期： 1 2 3 4 5 6 7 8 9 10 11 12

果

- 形狀：紡錘形，兩端收窄
  Fusiform, pointed ends
- 主要顏色：黑褐色 Blackish brown ●
- 果期： 1 2 3 4 5 6 7 8 9 10 11 12

其他辨認特徵

- 頂生小葉葉基近圓形或楔形；側生小葉基部則呈不對稱的圓形或楔形

❶ 花冠一側膨大，有5片片狀花瓣；花瓣末端具波浪狀縱褶紋，花大且顏色鮮艷，長約5至10厘米。

❷ 花瓣合生成花冠筒，形狀像一個鐘。

❸ 圖中黃色月牙狀結構為花萼，因此可清楚看見整個花序由多朵花集合而成，使整個花序結構看起來非常大型。

❹ 雌雄同株，花冠中可觀察到到中央較高，且末端分開兩邊向外捲曲的柱狀結構是雌蕊，圍繞

其周圍較短及較深色的棒狀結構為雄蕊花絲，其末端呈「V」字型的結構為花藥。

❺ 圖中可見金龜在吃雄蕊頂部的花藥。

❻ 果實為蒴果，長約15至25厘米，未成熟時綠色。

❼ 外來品種，多栽種為園藝用途，常見於廣場或公園內。

❽ 鮮艷的大型紅色花群通常分散於樹冠，春天開花時為園境帶來強烈的春天色彩。

植物在中大　在VR虛擬環境中觀賞真實品種

3D植物模型　掃描QR code觀察立體結構

參考文獻

1. Keppel G., Peters, S., Taoi, J., Raituku, N., & Thomas-Moko, N. (2022). The threat by the invasive African tulip tree, *Spathodea campanulata* P.Beauv., for the critically endangered Fijian tree, *Pterocymbium oceanicum* A.C.Sm.; revisiting an assessment based on expert knowledge after extensive field surveys. *Pacific Conservation Biology, 28*(2), 164–173. https://doi.org/10.1071/PC20068.

2. Kumaresan, M. (2016). Application of eco-friendly natural dye obtained from *Spathodea campanulata* on silk using combination of mordants. *Management of Environmental Quality: An International Journal, 27*(1), 15–21. https://doi.org/10.1108/MEQ-04-2015-0061.

3. Larrue, S., Meyer, J.-Y., Fumanal, B., Daehler, C., Chadeyron, J., Flores, M., & Mazal, L. (2020). Seed rain, dispersal distance, and germination of the invasive tree *Spathodea campanulata* on the Island of Tahiti, French Polynesia (South Pacific). *Pacific Science, 74*(4), 405–417. https://doi.org/10.2984/74.4.8.

4. Padhy, G. K. (2021). *Spathodea campanulata* P. Beauv. — A review of its ethnomedicinal, phytochemical, and pharmacological profile. *Journal of Applied Pharmaceutical Science, 11*(12), 17–44. https://doi.org/10.7324/JAPS.2021.1101202.

5. Patil, P. D., Rao, L. C. R., Wasif, A. I., & Anekar, S. V. (2016). *Spathodea campanulata* Beauv. flower dye extraction: Mass transfer enhancement through process optimization. *Indian Journal of Chemical Technology, 23*(4), 302–307.

6. Świątek, Ł., Sieniawska, E., Sinan, K. I., Zengin, G., Uba, A. I., Bene, K., Maciejewska-Turska, M., Rajtar, B., Polz-Dacewicz, M., & Aktumsek, A. (2022). Bridging the chemical profiles and biological effects of *Spathodea campanulata* extracts: A new contribution on the road from natural treasure to pharmacy shelves. *Molecules, 27*(15), Article 4694. https://doi.org/10.3390/molecules27154694.

象牙花

中文常用名稱： **象牙花**
英文常用名稱： **Ivory Coral Tree**
學名 ： *Erythrina speciosa* Andrews
科名 ： **豆科 Fabaceae**

關於象牙花

象牙花為小喬木，產地南美洲，引入作為觀賞品種，常於公園栽培。每年春夏季開花，花序頂生、花外層的旗瓣鮮紅色、且象牙狀，甚奪目。近親同類的植物稱為刺桐屬，本屬木材可製作器具或造紙原料。其有機溶劑的提取物具抗病毒的藥理效用。花蜜亦可提供食物給小型的林鳥，花粉同時借助鳥類傳播。

生長形態

落葉喬木 Deciduous Tree

樹幹

- 褐色 Brown
- 具條紋 Striated
- 有剝落 Flaky
- 具皮刺 Prickle present

葉

- 葉序：互生 Alternate
- 複葉狀態：羽狀三出複葉 Pinnately ternate compound leaf
- 小葉邊緣：不具齒 Teeth absent
- 小葉葉形：菱形、鏟形或箏形 Rhombic, trullate or kite-shape
- 葉質地：紙質 Papery

鏟形

花

- 主要顏色：猩紅色 Scarlet ●
- 花期： 1 2 **3** 4 5 6 7 8 9 10 11 12

果

- 此品種在香港並不結果

其他辨認特徵

- 側生小葉為左右不對稱的菱形；
  頂生小葉呈菱形

❶ 象牙花花瓣不打開，保持筒狀。

❷ 花瓣筒前端微曲，看似一根根象牙，每根「象牙」是一朵花。

❸ 外來品種，主要栽種為園藝用途，在本港結出果實的情況非常罕見。主幹可高約4米，枝葉不大茂密。圖中植株位於中大新亞書院。

❹ 作為園藝品種，可見於大型公園、特色園圃或花園中。

❺ 由於抗風力弱，葉片很多時被強風吹斷或布滿破損痕跡。

植物在中大

在VR虛擬環境中觀賞真實品種

３Ｄ植物模型

掃描QR code觀察立體結構

參考文獻

1. Fahmy, N. M., Al-Sayed, E., Moghannem, S., Azam, F., El-Shazly, M., & Singab, A. N. (2020). Breaking down the barriers to a natural antiviral agent: Antiviral activity and molecular docking of *Erythrina speciosa* extract, fractions, and the major compound. *Chemistry and Biodiversity, 17*(2), Article e1900511. https://doi.org/10.1002/cbdv.201900511

2. Mendonça, L. B., & Dos Anjos, L. (2006). Feeding behavior of hummingbirds and perching birds on *Erythrina speciosa* Andrews (Fabaceae) flowers in an urban area, Londrina, Paraná, Brazil. *Revista Brasileira de Zoologia, 23*(1), 42–49. https://doi.org/10.1590/S0101-81752006000100002

黃牛木

中文常用名稱： **黃牛木**
英文常用名稱： **Yellow Cow Wood**
學名 ： *Cratoxylum cochinchinense* (Lour.) Blume
科名 ： **金絲桃科** Hypericaceae

關於黃牛木

本種是極常見的本地原生種，其橙黃褐色的樹皮
在次生林及風水林中容易辨認，雖然與大頭茶的
樹皮類同，但本種的葉長橢圓形並且對生。根、
樹皮或莖葉可入藥，中藥名黃牛茶，具清熱化
濕、祛瘀消腫之作用，是廿四味中常見材料之
一。這類歷史悠久及常用的草藥通常都會引起科
學家的研究興趣，開發更多的藥效可能性。近年
來亦有不少研究其抗癌功效，發現其中化學成分
山酮素為主要有效成分類別。

基本特徵資料

生長形態

落葉灌木或喬木
Deciduous Shrub or Tree

樹幹

- 橙黃褐色 Yellowish brown
- 不具裂紋 Not fissured
- 沒有剝落 Not flaky

葉

橢圓狀披針形

- 葉序：對生 Opposite
- 複葉狀態：單葉 Simple leaf
- 葉邊緣：不具齒 Teeth absent
- 葉形：狹橢圓形或橢圓狀披針形
  Narrowly elliptic or elliptic lanceolate
- 葉質地：薄革質 Thinly leathery

花

- 主要顏色：紅色 Red in general ●
- 花期： 1 2 3 **4 5** 6 7 8 9 10 11 12

果

- 形狀：紡錘狀 Fusiform
- 主要顏色：褐色 Brown ●
- 果期： 1 2 3 4 5 **6** 7 8 9 10 11 12

其他辨認特徵

- 樹幹呈橙黃褐色是主要辨認特徵
- 葉片背面粉綠色，正面綠色

① 花冠有各5片萼片及花瓣，萼片並不同一長度。有很多條雄蕊，分成3束，有花藥的花絲底部是合生在一起。

② 有3枚雌蕊，柱頭點狀被雄蕊花絲包圍。

③ 花瓣有時粉紅色。

④ 蒴果，長8至12毫米。

⑤ 從果實裂開的狀態可見，果實內分為3室。

⑥ 鱗翅目的幼蟲寄生在黃牛木的葉片上。

⑦ 主幹最高可達25米，枝條繁多，葉片不太濃密，圖中植株位於中大崇基學院何添樓附近。

⑧ 橙黃褐色的樹幹甚為顯眼，可在郊區次生林或村邊容易找到它們。

植物在中大

在VR虛擬環境中觀賞真實品種

3D植物模型

掃描QR code觀察立體結構

參考文獻

1. Innajak, S., Nilwarangoon, S., Mahabusarakam, W., & Watanapokasin, R. (2016). Anti-proliferation and apoptosis induction in breast cancer cells by *Cratoxylum cochinchinense* extract. *Journal of the Medical Association of Thailand, 99*, S84–S89.

2. Lee, S. Y., Mujulat, M. B. C., Thangaperagasam, G. J. C., Surugau, N., Tan, S. -A., & John, O. D. (2023). A review on the cytotoxic and antimicrobial properties of xanthones from *Cratoxylum cochinchinense. Journal of Tropical Life Science, 13*(1), 213–224. https://doi.org/10.11594/jtls.13.01.20

3. Li, Z. P., Lee, H. -H., Uddin, Z., Song, Y. H., & Park, K. H. (2018). Caged xanthones displaying protein tyrosine phosphatase 1B (PTP1B) inhibition from *Cratoxylum cochinchinense. Bioorganic Chemistry, 78*, 39–45. https://doi.org/10.1016/j.bioorg.2018.02.026

串錢柳

中文常用名稱： **串錢柳**

英文常用名稱： **Tall Bottle-brush**

學名 ： *Melaleuca viminalis*
(Sol. ex Gaertn.) Byrnes

科名 ： **桃金娘科 Myrtaceae**

關於串錢柳

串錢柳原產地澳洲，因本種適應亞熱帶地區氣候，已在廣東地區栽培成行道樹和觀賞種。春季開多串紅色花序，甚為奪目。與紅千層主要分別是本種花序柔軟和下垂。串錢柳含豐富的精油成分，可製成殺蟎劑。其中的單萜類成分可開發成有效的天然防腐劑，並且近乎無毒性，有待開發研究。

基本特徵資料

生長形態

常綠小喬木 Evergreen Small Tree

樹幹

- 深灰褐色 Fuscous
- 具裂紋 Fissured
- 沒有剝落 Not flaky

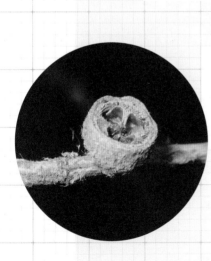

葉

- 葉序：互生 Alternate
- 複葉狀態：單葉 Simple leaf
- 葉邊緣：不具齒 Teeth absent
- 葉形：線形，兩端尖細
  Linear with pointed ends
- 葉質地：薄革質 Thinly leathery

花

- 主要顏色：紅色 Red in general ●
- 花期： 1 2 **3** **4** **5** 6 7 8 9 10 11 12

果

- 形狀：近球狀 Subglobose
- 主要顏色：褐色 Brown ●
- 果期： 1 2 3 4 5 6 7 **8** 9 10 11 12

其他辨認特徵

- 紅色的穗狀花序下垂

❶ 花集中枝條末端，生長在同一穗狀結構上，形成一串長長的花串，紅色細長的結構實為雄蕊花絲。

❷ 每一顆綠色的小圓柱便是一朵未開花的花蕾。

❸ 整束花串外貌就像一把瓶刷。

❹ 串錢柳由於其果實的外貌像一串銅錢而得名，每一顆小圓壺便是一粒蒴果。

❺ 主幹可達2至5米，枝條柔軟茂密，枝條生長至一定的長度時會因自身的重量向下彎垂，形式像柳樹的外觀，圖中植株位於中大本部李卓敏基本醫學大樓附近。

❻ 外來物種，多栽種作為園藝綠化，不少植株栽種於水邊園景。

❼ 鮮艷的花色及下垂優雅的枝條，讓串錢柳常被栽種成行道樹為市區綠化增添季節色彩。

植物在中大

在VR虛擬環境中觀賞真實品種

3D植物模型

掃描QR code觀察立體結構

參考文獻

1. Lunguinho, A. D. S., Cardoso, M. D. G., Ferreira, V. R. F., Konig, I. F. M., Gonçalves, R. R. P., Brandão, R. M., Caetano, A. R. S., Nelson, D. L., & Remedio, R. N. (2021). Acaricidal and repellent activity of the essential oils of *Backhousia citriodora, Callistemon viminalis* and *Cinnamodendron dinisii* against *Rhipicephalus* spp.. *Veterinary Parasitology, 300,* Article 109594. https://doi.org/10.1016/j.vetpar.2021.109594

2. Martins, L. N. S. B., Venceslau, A. F. A., Brandão, R. M., Braga, M. A., Batista, L. R., Cardoso, M. D. G., & Pinto, L. M. A. (2021). Antibacterial and antifungal activities and toxicity of the essential oil from *Callistemon viminalis* complexed with β-Cyclodextrin. *Current Microbiology, 78*(6), 2251–2258. https://doi.org/10.1007/s00284-021-02480-2

木棉

中文常用名稱： **木棉**
英文常用名稱： **Tree Cotton, Red Kapok Tree**
學名 ： *Bombax ceiba* L.
科名 ： **錦葵科 Malvaceae**

關於木棉

木棉在南中國及亞熱帶地區分布廣泛，適應在中至低海拔的河谷及雨林，本地引種為觀賞及行道樹。其根皮、樹皮均可入藥，本種的花亦是五花茶的主要原料之一。近年有多項藥理研究，以解釋其消炎及抗菌的功效，亦有展開其抗癌的研究範疇。

木棉果實雖產生大量棉絮狀的纖維，但由於其長度較短而容易撕裂，因此並不能作為棉紗。一般常用作為棉紗是另一種錦葵科植物棉花。

生長形態

落葉大喬木 Deciduous Big Tree

樹幹

- 灰白色 Greyish white
- 具裂紋 Fissured
- 具皮刺 Prickle present

葉

- 葉序：互生 Alternate
- 複葉狀態：掌狀複葉 Palmately compound leaf
- 小葉邊緣：不具齒 Teeth absent
- 小葉葉形：橢圓形 Elliptic
- 葉質地：薄革質 Thinly leathery

花

- 主要顏色：赤紅色 Crimson ●
- 花期： 1 2 3 **4 5** 6 7 8 9 10 11 12

果

- 形狀：垂直橢圓球狀 Prolate ellipsoid
- 主要顏色：褐色 Brown ●
- 果期： 1 2 3 4 **5** 6 7 8 9 10 11 12

其他辨認特徵

- 小葉 5 至 7 片

❶ 木棉花也會吸引小鳥啄食，圖中為白頭翁。

❷ 花冠有肉質花瓣5片，有時呈橙紅色。花冠呈杯狀，外面無毛，裏面則有短毛，有非常多的雄蕊，外圍有5束，排成一圈，近中央另有10條。

❸ 果實為蒴果，成熟時裂開，有大量的短絲狀棉毛溢出。

❹ 木棉種子是藏在果實的棉絮之中。

❺ 外來物種，樹幹高大，可高達25米，枝條粗狀，但樹冠不算茂密。

❻ 因其高大筆直的樹幹，和滿樹盛放的紅色花，使木棉樹亦有英雄樹之稱。常見於道路旁作為行道樹，也常見於公園及廣場，是本港各市區常見的綠化大樹，圖中植株位於屯門青山公路新墟段附近。

❼ 雖為外來物種，但早已扎根本港多處，圖中為天后附近的行道樹。

植物在中大 在VR虛擬環境中觀賞真實品種

3D植物模型 掃描QR code觀察立體結構

參考文獻

1. Diab, K. A., El-Shenawy, R., Helmy, N. M., & El-Toumy, S. A. (2022). Polyphenol content, antioxidant, cytotoxic, and genotoxic activities of *Bombax ceiba* flowers in liver cancer cells huh7. *Asian Pacific Journal of Cancer Prevention, 23*(4), 1345–1350. https://doi.org/10.31557/APJCP.2022.23.4.1345

2. Khaleel, A. M., Saleh, E. S., & Abbas Majed, S. A. (2023). An in vitro examination of the anticancer activities of anthocyanins and butanol fractions extracted from the rose of *Bombax ceiba* plant grown in Iraq. *HIV Nursing, 23*(1), 542–548. https://doi.org/10.31838/hiv23.01.92

3. Huang, S. K. -H., Hsieh, C. -Y., Fu, P. -W., Lee, C. -J., Domingo, G. C., Alimboyoguen, A. B., Lin, P. -Y., Hung, L. -C., Roxas, T. J. R., De Castro-Cruz, K. A., & Tsai, P. -W. (2023). Phytochemical constituent analysis, antioxidative effect, and anti-inflammatory activity of *Bombax ceiba* flowers. *Biointerface Research in Applied Chemistry, 13*(5), Article 408. https://doi.org/10.33263/BRIAC135.408

樟葉朴

中文常用名稱：　**樟葉朴、假玉桂**
英文常用名稱：　**Philippine Hackberry**
學名　　　　：　*Celtis timorensis* Span.
科名　　　　：　**大麻科** Cannabaceae

關於樟葉朴

本種常見於香港的次生林及風水林，大型的植株可生長高達十多米，亦有大量的幼株分布在林底及林緣的生境，與其他原生品種共存甚佳，可見其高度的適應性和原生分布的現象。假玉桂名字令人聯想起玉桂，甚至乎誤會是玉桂的近親植物。其實本種的葉脈及質地狀似玉桂的葉而得此名，並非是樟科的植物。雖然本種不是著名的香料及藥用植物，但印度南部的泰米爾族人會採用其葉作治療傷口，現代藥理研究發現本種可增加傷口收縮、表皮韌度及肉芽生長，從而可解釋傷口治癒的過程。

生長形態

常綠喬木 Evergreen Tree

樹幹

- 灰褐色 Greyish brown
- 不具裂紋 Not fissured
- 沒有剝落 Not flaky

葉

- 葉序：互生 Alternate
- 複葉狀態：單葉 Simple leaf
- 葉邊緣：具齒 Teeth present
- 葉形：卵狀橢圓形 Ovate elliptic
- 葉質地：革質 Leathery

花

- 主要顏色：鏽紅色 Rufous ●
- 花期： 1 2 **3 4 5** 6 7 8 9 10 11 12

果

- 形狀：近垂直橢圓球狀 Subprolate ellipsoid
- 主要顏色：初時黃色，成熟時紅至橙色 Reddish orange when ripe ●
- 果期： 1 2 3 4 5 6 **7 8 9 10 11** 12

標本照片

其他辨認特徵

- 葉緣近頂部通常有不明顯的鋸齒

① 每朵花其實非常細小,遠看時很容易將附近有鏽紅色的新葉一併看成是花的一部分。

② 花序具約10朵花;淺白綠色有如「丫」字的部分為每朵小花的雌蕊,鏽紅色的部分為每朵花的花被。

③ 花的標本照。花分為兩性花或雄花,具雌蕊的兩性花生長在枝條較上位置,枝條較下位置大都只有雄花,所以遠看時因沒有淺白綠色的雌蕊混集,看似鏽紅色的部分只在枝條下部。

④ 果實的標本照。果實為核果,長8至9毫米。

⑤ 可在郊野山坡、次生林、風水林等找到它們,春天開花時,繁多的小花為樟葉朴的樹冠更添鏽紅的色彩。

⑥ 原生物種,在長時間栽培下主幹高大,可高達10米,樹冠枝葉茂密,位於中大崇基學院。

植物在中大

在VR虛擬環境中觀賞真實品種

３Ｄ植物模型

掃描QR code觀察立體結構

參考文獻

1. Prasanth Kumar, M., Suba, V., & Rami Reddy, B. (2017). Wound healing activity of *Celtis timorensis* Span. (Cannabaceae) leaf extract in Wistar albino rats. *Indian Journal of Experimental Biology, 55*(10), 688–693.

王棕

中文常用名稱： **王棕、大王椰子**

英文常用名稱： Royal Palm

學名 ： *Roystonea regia* (Kunth) O.F. Cook

科名 ： **棕櫚科 Arecaceae**

關於王棕

大王椰子是大型喬木狀，可達30米高，廣泛引種為行道樹。葉片羽狀全裂，並且多達200片小葉，可有助減低風阻引致的塌樹。其落葉較大型，不會沖入雨水渠而導致淤塞。但每塊葉的平均重量可達8.2公斤，在落葉期有機會對樹旁行人構成危險。本種的纖維豐富，可加工成有效的隔音板。

生長形態

常綠喬木狀 Evergreen Tree Form

主莖

- 灰白色 Greyish white
- 不具裂紋 Not fissured
- 沒有剝落 Not flaky

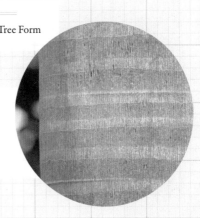

葉

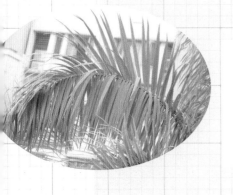

- 葉序：互生 Alternate
- 複葉狀態：羽狀全裂 Pinnatisect
- 羽片邊緣：不具齒 Teeth absent
- 羽片葉形：狹披針形 Narrowly lanceolate
- 葉質地：厚紙質 Thick papery

花

- 主要顏色：麥稈色 Straw ●
- 花期： 1 2 **3 4** 5 6 7 8 9 10 11 12

果

- 形狀：近球狀 Subglobose
- 主要顏色：成熟時暗紅色 Dark red when ripe ●
- 果期： 1 2 3 4 5 6 7 8 9 **10** 11 12

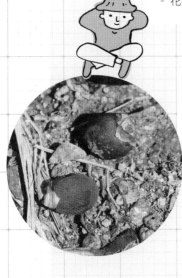

其他辨認特徵

- 葉尖淺 2 裂，常下垂
- 羽片呈多向排列

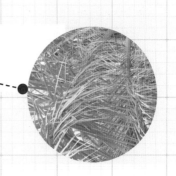

❶ 果實通常在樹冠葉片下從主莖長出。

❷ 花細小而密集在同一花序上，花序可長達 1.5 米，花序外觀像禾穗。

❸ 開花季節時，吸引大量動物或昆蟲來探訪。

❹ 果實未成熟時呈綠色。

❺ 果實是硬漿果狀，成熟後掉落地上，果序顯得稀疏。

❻ 外來品種，因其喬木狀的筆直主莖，在市區多栽種為行道樹。

❼ 雖然不是真正的喬木，卻可生長達 10 至 20 米的高度。

植物在中大

在VR虛擬環境中觀賞真實品種

3D植物模型

掃描QR code觀察立體結構

參考文獻

1. Ikhwansyah, Mulia, Gunawan, S., & Lubis, R. D. W. (2018). Utilisation of polyurethane composit with 50% composition of *Roystonea regia* fiber as noise reduction panel on car hood. *IOP Conference Series: Materials Science and Engineering, 308*(1), Article 012007. https://doi.org/10.1088/1757-899X/308/1/012007

2. Nindiar, H. E., Majiidu, M., Adzkia, U., Karlinasari, L., & Siregar, I. Z. (2021). The palm leaves falling periods and characteristics of royal palm (*Roystonea regia* (Kunth) F.Cook) at IPB Dramaga Campus, Bogor, Indonesia. *IOP Conference Series: Earth and Environmental Science, 918*(1), Article 012016. https://doi.org/10.1088/1755-1315/918/1/012016

中國無憂花

中文常用名稱： **中國無憂花**
英文常用名稱： **Ashoka Tree, Common Saraca**
學名　　　　： *Saraca dives* Pierre
科名　　　　： **豆科 Fabaceae**

關於中國無憂花

無憂花屬的植物全世界約20種，中國有2種。中國無憂花原產地中國中南至東部，在老撾、越南亦有分布。在傳統分類系統中屬於蘇木科，亦可根據其他結構及進化因素分類在現時的豆科。每年春夏間開花，其花序一般都有數十朵小花所組成，聚生枝頂，鮮黃橙色，極具園景觀賞價值。相傳釋迦牟尼是在無憂花樹下誕生，由於是兩千五百多年前的歷史，也較難核實當時的無憂花樹是否中國無憂花。

基本特徵資料

生長形態

常綠喬木 Evergreen Tree

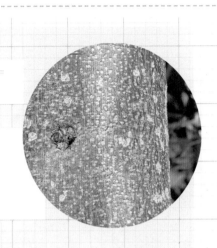

樹幹

- 具條紋 Striated
- 沒有剝落 Not flaky
- 不具皮刺 Prickle absent

葉

- 葉序：互生 Alternate
- 複葉狀態：偶數一回羽狀複葉 Even-pinnately compound leaf
- 小葉邊緣：不具齒 Teeth absent
- 小葉葉形：狹橢圓形 Narrowly elliptic
- 葉質地：革質 Leathery

花

- 主要顏色：琥珀色 Amber ●
- 花期： 1 2 3 **4 5** 6 7 8 9 10 11 12

果

- 形狀：帶狀 Strap-shaped
- 主要顏色：褐色 Brown ●
- 果期： 1 2 3 4 5 6 **7 8 9 10** 11 12

其他辨認特徵

- 嫩葉略帶紫紅色並向下垂
- 葉片邊緣具波浪起伏

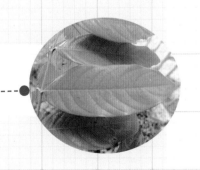

❶ 花冠大而明顯，但其實不具花瓣，顏色鮮艷明顯的其實是管狀的花萼分裂片。

❷ 開花後期，花萼基部、花盤、雄蕊、花柱會變得更近紅色。

❸ 每朵花有雄蕊8至10枚，較花萼長。

❹ 果實為莢果，長約22至30厘米。

❺ 果瓣捲曲，內藏種子5至9顆，相較其他豆科植物果瓣，本品種的捲曲程度更大。

❻ 外來品種，主幹高大，可高約20米，分枝繁多。體積巨大，多栽種在大型園景空間或廣場。

❼ 春季琥珀色花盛開時，在茂密的枝葉襯托下，更為鮮艷明顯，攝於中大未圓湖畔。

在 VR 虛擬環境中觀賞真實品種

3D植物模型

掃描 QR code 觀察立體結構

銀樺

中文常用名稱： **銀樺**

英文常用名稱： **Silk Oak**

學名 ： *Grevillea robusta* A. Cunn. ex R. Br

科名 ： **山龍眼科 Proteaceae**

關於銀樺

銀樺原產地澳洲，現時於熱帶及亞熱帶地區廣泛栽培。本種為常綠喬木，花期春季，花色橙黃，近金黃色，別具觀賞價值。其木材呈紅色，具光澤及彈性，可作家具材料及中密度的纖維板。本種除了用作植林，亦可作種植咖啡或茶樹的遮蔭樹種。研究發現本種作為行道樹，能有效適應汽車排放的廢氣。

基本特徵資料

生長形態

常綠喬木 Evergreen Tree

樹幹

- 灰色至深褐色 Dark grey to Sepia
- 具裂紋 Fissured
- 沒有剝落 Not flaky

葉

- 葉序：互生 Alternate
- 複葉狀態：奇數二回羽狀深裂 Odd-bipinnatipartite
- 裂片邊緣：葉裂片不具齒 Teeth absent
- 裂片葉形：披針形 Lanceolate
- 葉質地：紙質 Papery

花

- 主要顏色：金黃色 Golden yellow ●
- 花期： 1 2 **3** **4** **5** 6 7 8 9 10 11 12

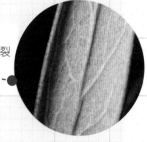

果

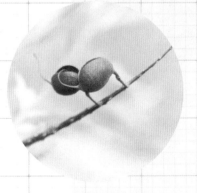

- 形狀：卵狀，左右不對稱 Asymmetric oblique ovoid
- 主要顏色：果皮黑色 Black ●
- 果期： 1 2 3 4 5 **6** **7** **8** 9 10 11 12

其他辨認特徵

- 複葉第 1 回為羽狀全裂，第 2 回羽狀深裂
- 背面有銀灰色絲綢狀毛

❶ 通常同一花序上的所有花都生長在一面
　 上，看似一把刷子。

❷ 花冠上最為明顯的條狀結構實為雌蕊花
　 柱，在其較下位置及較深色結構為真正的
　 花冠。

❸ 單一朵花的近距離特寫，可觀察到雌蕊花
　 柱底部被4枚向外反捲的雄蕊包圍。

❹ 果實為蓇葖果，約1.5厘米長，成熟後會沿
　 一邊裂開，內裏藏有種子1至2顆。

❺ 果實頂部有殘存的花柱部分。

❻ 主幹高大，最高可高達25米，枝葉茂密，圖中植
　 株位於維多利亞公園球場附近。

❼ 春季開花時，樹冠上繁多的金黃色花和葉片交織
　 在一起，為社區增添鮮艷奪目的色彩。

❽ 外來引入種，多植株於市區園景或廣場，圖中植
　 株位於屯門公共屋邨。

植物在中大

在 VR 虛擬環境中觀賞真實品種

3D植物模型

掃描 QR code 觀察立體結構

參考文獻

1. Pandey, K. K., Ramakantha, V., Chauhan, S. S., & Arun Kumar, A. N. (2017). Study on utilization of plantation-grown timber species *Grevillea robusta* (Silver Oak) for medium-density fibre board. In: Pandey, K., Ramakantha, V., Chauhan, S., Arun Kumar, A. (Eds.), *Wood Is Good* (pp. 363–373). Springer Singapore Pte. Limited. https://doi.org/10.1007/978-981-10-3115-1_33

2. Singh, H., Yadav, M., Kumar, N., Kumar, A., & Kumar, M. (2020). Assessing adaptation and mitigation potential of roadside trees under the influence of vehicular emissions: A case study of *Grevillea robusta* and *Mangifera indica* planted in an urban city of India. *PloS One, 15*(1), Article e0227380–e0227380. https://doi.org/10.1371/journal.pone.0227380

紫檀

中文常用名稱： **紫檀**
英文常用名稱： **Burmese Rosewood**
學名　　　： *Pterocarpus indicus* Willd.
科名　　　： **豆科 Fabaceae**

關於紫檀

紫檀是本地引進的物種，作為行道樹及觀賞用途，本種的木材優質，堅硬高密度，木材帶紅色，供建築、樂器及家具使用，紫檀木亦被評為名貴木材之一。雖然是豆科植物，但其豆莢是圓形，邊緣扁平，狀似飛碟，隨風而傳播。在製作紫檀相關產品時，常有產生大量的木碎，研究發現本種的樹皮及木碎可以提取優質並無毒的天然染料，適合染製棉及絲綢，具有高顏色度及防 UV 而導致的褪色現象。

基本特徵資料

生長形態

落葉喬木 Deciduous Tree

樹幹

- 灰褐色 Greyish brown
- 具裂紋 Fissured
- 有剝落 Flaky

葉

- 葉序：互生 Alternate
- 複葉狀態：奇數一回羽狀複葉 Odd-pinnately compound leaf
- 小葉邊緣：不具齒 Teeth absent
- 小葉葉形：卵狀橢圓形 Ovate elliptic
- 葉質地：薄革質 Thin leathery

花

- 主要顏色：金黃色 Golden yellow ●
- 花期： 1 2 3 4 5 6 7 8 9 10 11 12

果

- 形狀：扁平圓形 Flattened orbicular
- 主要顏色：未成熟時黃綠色 Yellowish green when young；成熟後淺褐色 Pale brown when ripe ●
- 果期： 1 2 3 4 5 6 7 8 9 10 11 12

標本照片

其他辨認特徵

- 年長的紫檀樹幹近泥面長有板根

1. 花細小而繁多，每朵只有 1 至 1.5 厘米，但一串花序可長達 18 厘米

2. 雖然看起來小花聚在枝條頂端，但其實是花串從枝條腋下位置長出，因有一定長度延展，與枝條頂端長度相若而產生了錯覺。

3. 花冠上花瓣邊緣皺縮，花梗纖細長 7 至 10 毫米。

4. 果實標本照。果實為莢果，長與闊均約 4 至 5 厘米，果實中間凸起圓形的部分內藏 1 至 2 枚種子，外圍環繞了較薄大約有 2 厘米闊的扁平翅狀組織。

5. 果實未完全成熟時呈黃綠色。

6. 紫檀和榕樹一樣長有板根，紫檀的板根主要為支撐的作用，而榕樹的板根除支撐外，還非常霸道，可破壞附近較近本身植株的建築結構及其他植物植株生長。

7. 8. 比較冬季落葉時與夏季時的生長狀態。攝於中大崇基學院。

9. 紫檀在中大正門這種半郊區的生長狀態，樹身可高達 15 米以上。

10. 在市區栽種時，其茂密的枝條及樹身的高度覆蓋了不少樓層。

植物在中大

在VR虛擬環境中觀賞真實品種

3D植物模型

掃描QR code觀察立體結構

參考文獻

1. Pamungkas, M. S., Rahyuningsih, E., Marfitania, T., & Fatimah, W. S. (2021). Physicochemical and dyeing characteristics of cotton fabric dyeing from the extract of angsana (*Pterocarpus indicus*) bark. [Fiziko kimia dan ciri pencelupan pewarnaan kain kapas dengan menggunakan ekstrak dari kulit kayu angsana (*pterocarpus indicus*)] *Malaysian Journal of Analytical Sciences*, *25*(5), 858–866

黃花風鈴木

中文常用名稱： **黃花風鈴木、黃鐘木、風鈴木**
英文常用名稱： **Yellow Pui**
學名　　　： *Handroanthus chrysanthus* (Jacq.)
　　　　　　 S.O. Grose
科名　　　： **紫葳科 Bignoniaceae**

關於黃花風鈴木

黃花風鈴木原產地熱帶美洲，別名黃金風鈴木，是委內瑞拉的國樹。本種能適應香港的氣候，已廣泛在公園及行道種植。開花期間，近全落葉，加上密集的花序結構，當種植大群落數目時可形成一片金黃色的花海。花期雖只能維持約兩星期，仍深受市民歡迎。本種雖有大量栽種，但其原生的成熟植株及群體卻不斷下降，根據國際自然保護聯盟瀕危物種紅色名錄，已被列為易危物種。

生長形態

落葉小喬木 Deciduous Small Tree

樹幹

- 灰褐色 Greyish brown
- 具裂紋 Fissured
- 沒有剝落 Not flaky

葉

- 葉序：對生 Opposite
- 複葉狀態：掌狀複葉 Palmately compound leaf
- 小葉邊緣：具齒 Teeth present
- 小葉葉形：倒卵形 Obovate
- 葉質地：紙質 Papery

花

- 主要顏色：黃色 Yellow
- 花期： 1 2 **3 4** 5 6 7 8 9 10 11 12

果

- 形狀：線狀 Filiform
- 主要顏色：成熟時褐色 Brown when ripe
- 果期： 1 2 3 4 5 **6 7 8 9** 10 11 12

其他辨認特徵

- 小葉一般 4 至 5 片

① 花冠管狀或漏斗狀，末端分裂成5片花瓣，花冠緣皺曲。

② 黃綠色鐘狀結構為花萼，可見10枚以上的花柄長於枝條末端。

③ 由於花集中聚生於一起，遠看時像花球。

④ 蒴果成熟後裂開兩邊，種子具翅，能隨風散播。

⑤ 種子具翅，當風一吹過，種子隨風飄飛四散。

⑥ 偶見蜜蜂躲進花朵內歇息。

⑦ 外來品種，主幹較筆直，分枝茂密，可高20米，圖中植株位於在中大林蔭大道旁。

⑧ 常被栽種作為行道樹或園藝用途，常見於市區道路旁及各大屋苑公眾空間，開花時期，通常全株已落葉。整株只有黃色花的高大樹木，為社區在春季帶來美麗奪目的色彩。

植物在中大

在 VR 虛擬環境中觀賞真實品種

3D植物模型

掃描 QR code 觀察立體結構

參考文獻

1. International Union for Conservation of Nature and Natural Resources (2022). *Handroanthus chrysanthus*. IUCN Red List. Retrieved April 28, 2023, from https://www.iucnredlist.org/species/146784568/146784570

日本葵

中文常用名稱： **日本葵、江邊刺葵**
英文常用名稱： Dwarf Date Palm
學名　　　　： *Phoenix roebelenii* O'Brien
科名　　　　： **棕櫚科 Arecaceae**

關於日本葵

日本葵原生於中國雲南、越南、緬甸等地，在香港的庭園廣泛栽培。生長高度常在數米之內，小葉線形，產生較少風阻，因此植株形態穩定，可有效率地管理植株的生長。本種的葉及種子的提取物具有護肝的成分，有待更深入的臨床研究。亦有研究顯示本種栽培為室內植物可淨化甲醛、甲苯及苯乙烯等化合物。

生長形態

落葉小喬木 Deciduous Small Tree

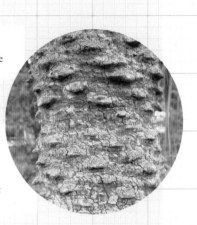

主莖

- 灰白色 Greyish white
- 不具裂紋 Not fissured
- 具皮刺狀結構 Prickle-like structure present

葉

- 葉序：互生 Alternate
- 複葉狀態：羽狀全裂 Pinnatisect
- 羽片邊緣：不具齒 Teeth absent
- 羽片葉形：條狀披針形 Linear to lanceolate
- 葉質地：紙質 Papery

花

- 主要顏色：米黃色 Cream ○
- 花期： 1 2 3 **4 5** 6 7 8 9 10 11 12

果

- 形狀：長圓狀 Obloid
- 主要顏色：紫褐色 Purplish brown ●
- 果期： 1 2 3 4 5 **6 7 8 9** 10 11 12

其他辨認特徵

- 葉背面沿葉脈被灰白色的糠秕狀鱗秕
- 葉下部羽片變成細長軟刺

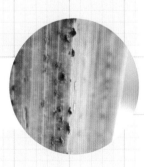

① 花分雌雄，雄花先端具三角狀齒的花瓣，有3片花瓣。

② 花朵盛開時，非常吸引昆蟲來探訪。

③ 果實頂端具短尖頭。

④ 果實為核果，長約1.4至1.8毫米，果肉薄，有棗味。

⑤ 葉柄有明顯的長刺。

⑥ 遠觀主莖時，葉柄脫落的痕跡看似皮刺。

⑦ 外來品種，主要栽種為行道樹及園藝用途，主莖高約1至3米。

⑧ 通常以多數目的植株栽種在同一區域內，營造熱帶風情。多為園藝用途，常見於大型花園。

植物在中大

在VR虛擬環境中觀賞真實品種

3D植物模型

掃描QR code觀察立體結構

參考文獻

1. Kang, B., Shin-ichi, S., Ayako, S., Takashi O., & Harahiko, K. (2009). Air purification capability of potted *Phoenix roebelenii* and its installation effect in indoor space. *Sensors and Materials, 21*(8),445–455.

2. Singab, A. N., El-Taher, E. M. M., Elgindi, M. R., & Kassem, M. E. S. (2015). *Phoenix roebelenii* O'Brien DNA profiling, bioactive constituents, antioxidant and hepatoprotective activities. *Asian Pacific Journal of Tropical Disease, 5*(7), 552–558. https://doi.org/10.1016/S2222-1808(15)60835-0

蒲桃

中文常用名稱： **蒲桃**
英文常用名稱： Rose Apple
學名　　　　： *Syzygium jambos* (L.) Alston
科名　　　　： **桃金娘科** Myrtaceae

關於蒲桃

原產印度、馬來西亞及泰國等地，已引進亞洲的熱帶地區及南美洲作食用果樹。在本地的河谷生境及風水林區常見，春季開花，初夏結果，提供生態資源。本種的葉及種子的製劑，可吸收重金屬鉛，有助淨化污水。其葉可提取類黃酮及酚酸類等成分，具強力抗氧化和護肝的藥理作用。

生長形態

常綠喬木 Evergreen Tree

樹幹

- 灰褐色 Greyish brown
- 具條紋 Striated
- 沒有剝落 Not flaky

葉

- 葉序：對生 Opposite
- 複葉狀態：單葉 Simple leaf
- 葉邊緣：不具齒 Teeth absent
- 葉形：披針形或橢圓形；兩端尖細
  Lanceolate or elliptic with pointed at ends
- 葉質地：革質 Leathery

披針形

花

- 主要顏色：綠白色 Greenish white ◯
- 花期： 1 2 **3** **4** 5 6 7 8 9 10 11 12

果

- 形狀：球狀 Globose
- 主要顏色：淡黃色或成熟時紅色
  Pale yellow or red when ripe ●
- 果期： 1 2 3 4 **5** **6** 7 8 9 10 11 12

其他辨認特徵

- 葉緣形成的邊脈明顯

❶ 果實為漿果，果皮肉質，可食用。

❷ 花蕾呈球狀，可清楚觀察到倒圓錐形的花萼。

❸ 雄蕊花絲長約 2 至 2.8 厘米，較花瓣顯眼，多
　 而密集，雌蕊花柱與雄蕊長度相若。

❹ 花冠有花瓣 4 片，長約 1.4 厘米，在雄蕊的外圍。

❺ 剛長出的嫩葉呈紅色。

❻ 外來品種，主莖高大，可達 10 米，多分枝，
　 枝葉茂密。圖中植株位於中大林蔭大道馬路旁。

❼ 由於花朵外形美觀，也常被栽種在花園或休憩用
　 地，圖中植株位於大型商場外的廣場。

植物在中大

在VR虛擬環境中觀賞真實品種

3D植物模型

掃描QR code 觀察立體結構

參考文獻

1. Sirisha, P., & Sultana, S. (2020). Study of adsorption parameters for the removal of lead (II) Using *Syzygium jambos*. *Indian Journal of Environmental Protection*, *40*(9), 991–996.

2. Sobeh, M., Esmat, A., Petruk, G., Abdelfattah, M. A. O., Dmirieh, M., Monti, D. M., Abdel-Naim, A. B., & Wink, M. (2018). Phenolic compounds from *Syzygium jambos* (Myrtaceae) exhibit distinct antioxidant and hepatoprotective activities in vivo. *Journal of Functional Foods*, *41*, 223–231. https://doi.org/10.1016/j.jff.2017.12.055

蒲葵

中文常用名稱： **蒲葵**
英文常用名稱： **Chinese Fan-palm**
學名 ： *Livistona chinensis* (Jacq.) R. Br. ex Mart.
科名 ： **棕櫚科 Arecaceae**

關於蒲葵

蒲葵雖然被界定為外來品種，但原生於中國東南部，生境及氣候與香港較接近，再者本種在香港的種植歷史頗長，因此可見有蝙蝠、雀鳥和昆蟲與其相依共存。民間曾用其嫩葉編製葵扇，老葉製蓑衣（傳統雨衣），葉片的主脈可製牙籤，是甚為民間熟悉及應用的品種。其種子在中藥應用在軟堅散結，意思指去除一些腫塊，因此引起科學家對其種子抗癌的研究，近年來都有不少藥理及機理研究都支持臨床使用。

生長形態

常綠喬木 Evergreen Tree

主莖

- 褐色 Brown
- 具裂紋 Fissured
- 沒有剝落 Not flaky
- 不具皮刺 Prickle absent

葉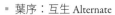

- 葉序：互生 Alternate
- 複葉狀態：單葉 Simple leaf
- 羽片邊緣：不具齒 Teeth absent
- 羽片葉形：掌狀葉片，近圓形，裂片呈狹披針形
  Palmate, sub-orbicular, segment narrowly lanceolate
- 葉質地：革質 Leathery

花

- 主要顏色：淺黃綠色 Pale yellowish green ●
- 花期： 1 2 **3 4** 5 6 7 8 9 10 11 12

果

- 形狀：垂直橢圓狀 Prolate ellipsoid
- 主要顏色：藍黑色或黑色
  Blue-black or black ●
- 果期： 1 2 3 4 **5 6 7** 8 9 10 11 12

❶ 黑臉噪鶥正在啄食蒲葵果實。

❷ 花細小,集中生長在長枝條狀的花序上。

❸ 花序可分成約6個分枝,總長度可達1米。

❹ 葉柄邊緣具鈎刺,近葉柄端的刺較密。

❺ 花冠中有雌雄蕊,圖中可清楚看見6枚雄蕊。

❻ 果實為核果,長約1.8至2.2厘米。

❼ 外來品種,主莖直而高,可達20米,圖中植株
在中大本部。

❽ 主要栽種為綠化市區及園藝用途,常見於公園。

❾ 葉片闊大,覆蓋空間大,短吻果蝠喜歡在日間棲
息於其大型的葉片下層內。

❿ 大型葉片的末端(葉尖)長而尖,而且分裂成多
片,有部分向下懸垂。

植物在中大

在VR虛擬環境中觀賞真實品種

3D植物模型

掃描QR code觀察立體結構

參考文獻

1. Cao, Z., Zheng, L., Zhao, J., Zhuang, Q., Hong, Z., & Lin, W. (2017). Anti-angiogenic effect of *Livistona chinensis* seed extract in vitro and in vivo. *Oncology Letters, 14*(6), 7565–7570. https://doi.org/10.3892/ol.2017.7075

2. Cheng, X., Zhong, F., He, K., Sun, S., Chen, H., & Zhou, J. (2016). EHHM, a novel phenolic natural product from *Livistona chinensis,* induces autophagy-related apoptosis in hepatocellular carcinoma cells. *Oncology Letters, 12*(5), 3739–3748. https://doi.org/10.3892/ol.2016.5178

3. Huang, W. -C., Leu, Y. -L., & Yu, J. -S. (2011). Cancer and Treatment with Seeds of Chinese Fan Palm (*Livistona chinensis* R. Brown). *Nuts and Seeds in Health and Disease Prevention*, 325–331. https://doi.org/10.1016/B978-0-12-375688-6.10039-8

4. Lin, W., Zhao, J., Cao, Z., Zhuang, Q., Zheng, L., Zeng, J., Hong, Z., & Peng, J. (2014). *Livistona chinensis* seeds inhibit hepatocellular carcinoma angiogenesis in vivo via suppression of the Notch pathway. *Oncology Reports, 31*(4), 1723–1728. https://doi.org/10.3892/or.2014.3051

刨花潤楠

中文常用名稱： **刨花潤楠、多脈潤楠、密脈潤楠**
英文常用名稱： Many-nerved Machilus
學名　　　：　*Machilus pauhoi* Kaneh.
科名　　　：　**樟科 Lauraceae**

關於刨花潤楠

刨花潤楠是原生喬木，可高達20米。在香港郊野常見，尤其是次生林及灌叢生境。能提供原始的樹林生境，是植林的優良品種。本種的木材堅實，紋理美觀，可供建材及家具運用。其木材薄片，俗稱「刨花」，浸水可產生黏液，可製成黏合劑輔料，應用在牆灰、製紙等。葉可提取一類單寧化合物，具很有效的抗氧化功能。

基本特徵資料

生長形態

常綠喬木 Evergreen Tree

樹幹

- 灰褐色 Greyish brown
- 具條紋 Striated
- 沒有剝落 Not flaky

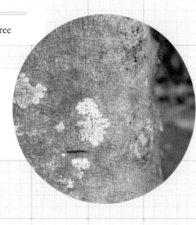

葉

- 葉序：互生 Alternate
- 複葉狀態：單葉 Simple leaf
- 葉邊緣：不具齒 Teeth absent
- 葉形：倒披針形或披針形 Oblanceolate or lanceolate
- 葉質地：革質 Leathery

花

- 主要顏色：淺黃綠色 Pale yellowish green
- 花期： 1 2 3 4 5 6 7 8 9 10 11 12

果

- 形狀：球狀 Globose
- 主要顏色：成熟時黑色 Black when ripe ●
- 果期： 1 2 3 4 5 6 7 8 9 10 11 12

其他辨認特徵

- 葉尖常有彎曲
- 面深綠色，無毛，下面淺綠色

① 果肉質，果有反捲的花瓣狀的部分。

② 嫩芽表面鱗片狀，亦稱為鱗芽。

③ 花冠細小，花瓣只有約6毫米，遠觀不易觀察，通常只能看見整個花序。

④ 6片花被排成2輪，黃色的結構為雄蕊。

⑤ 果實為漿果，未成熟時綠色，直徑約1厘米，果序柄顏色為鮮紅色。

⑥ 成長中的嫩芽呈啡紅色。

⑦ 主幹高大，一般高約6至20米，最高可達30米，枝葉茂密。原生品種，可在郊區風水林及次生林找到它們。

⑧ 在郊野山坡及灌木叢中，其高大的主幹及枝條成為其他物種的生境，攝於西貢大環村附近。

植物在中大

在VR虛擬環境中觀賞真實品種

3D植物模型

掃描QR code觀察立體結構

參考文獻

1. Chen, J., Yu, H., Xu, C., & Zhong, Q. (2019). Effects of provenance and common garden environment on leaf functional traits of *Machilus pauhoi* seedlings. *Chinese Journal of Applied and Environmental Biology, 25*(3), 648–654.

2. Wei, S. -D., Chen, R. -Y., Liao, M. -M., Tu, N. -W., Zhou, H. -C., & Lin, Y. -M. (2011). Antioxidant condensed tannins from *Machilus pauhoi* leaves. *Journal of Medicinal Plants Research, 5*(5), 796–804.

3. Zhu, Q., Liao, B. -Y., Li, P., Li, J. -C., Deng, X. -M., Hu, X. -S., & Chen, X. -Y. (2017). Phylogeographic pattern suggests a general northeastward dispersal in the distribution of *Machilus pauhoi* in South China. *PLoS ONE, 12*(9), Article e0184456. https://doi.org/10.1371/journal.pone.0184456

荷花玉蘭

中文常用名稱： **荷花玉蘭、洋玉蘭**
英文常用名稱： **Bull Bay, Southern Magnolia**
學名　　　　： *Magnolia grandiflora* L.
科名　　　　： **木蘭科 Magnoliaceae**

關於荷花玉蘭

又名白玉蘭，本種為木蘭屬植物，全世界約有90種，中國約有三分之一的品種數目，分布於西南部、秦嶺以南至華東及東北。本種原產於北美洲東南部，可高達30米。花較大，白色、芳香，對空氣污染物有抗性，是理想的觀賞喬木。種子含消炎止痛的新木脂素，其餘的精油成分亦有抑制紅火蟻的效用。花含豐富揮發油，可提取應用在化妝品及醫藥工業。

基本特徵資料

生長形態

常綠喬木 Evergreen Tree

樹幹

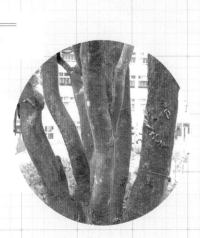

- 淺褐或灰色 Pale brown or grey
- 具裂紋 Fissured
- 沒有剝落 Not flaky

葉

- 葉序：互生 Alternate
- 複葉狀態：單葉 Simple leaf
- 葉邊緣：不具齒 Teeth absent
- 葉形：橢圓形或倒卵狀橢圓形
  Elliptic or obovate elliptic
- 葉質地：革質 Leathery

橢圓形

花

- 主要顏色：象牙色 Ivory ○
- 花期： 1 2 3 4 5 6 7 8 9 10 11 12

果

- 形狀：聚合蓇葖果卵形圓柱狀，外被有絨毛
  Aggregate follicle ovoid cylindrical with tomentose
- 主要顏色：淡黃色至褐色
  Pale yellow to brown ●
- 果期： 1 2 3 4 5 6 7 8 9 10 11 12

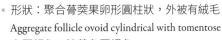

標本照片

❶ 花冠中央有一柱狀結構,是由雄蕊及雌蕊所組成,雄蕊的花絲紫色。

❷ 花非常大而且明顯,花冠闊約15至20厘米,有片狀花瓣結構9至12片。

❸ 還未盛開的花,部分花瓣已經打開,但仍看不見花冠中央的柱狀結構。

❹ 葉、小枝、芽、葉底、葉柄均布滿褐色或灰褐色的短絨毛。

❺ 圖為本館「虛擬立體標本館」網頁內花的3D模型記錄。

❻ 果實的標本照。果實為聚合蓇葖果,每個蓇葖果扁圓形,外表有絨毛。

❼ 果實的標本照。果為果序,是由很多蓇葖果聚合而成。

❽ 外來品種,主幹高大,可高約10米,常栽種為園藝用途,可在公園或廣場找到它們。圖中植株位於太古公園。

❾ 春季開花時,深綠色的葉片配合巨大白色的花,為社區帶來優雅的色彩,攝於港島布力徑附近的公園。

植物在中大　在VR虛擬環境中觀賞真實品種

3D植物模型　掃描QR code觀察立體結構

參考文獻

1. Ali, A., Chen, J., & Khan, I. A. (2022). Toxicity and repellency of *Magnolia grandiflora* seed essential oil and selected pure compounds against the workers of hybrid imported fire ants (Hymenoptera: Formicidae). *Journal of Economic Entomology, 115*(2), 412–416. https://doi.org/10.1093/jee/toab262

2. Morshedloo, M. R., Quassinti, L., Bramucci, M., Lupidi, G., & Maggi, F. (2017). Chemical composition, antioxidant activity and cytotoxicity on tumour cells of the essential oil from flowers of *Magnolia grandiflora* cultivated in Iran. *Natural Product Research, 31*(24), 2857 – 2864. https://doi.org/10.1080/14786419.2017.1303699

3. Pandey, P., Kumarihamy, M., Chaturvedi, K., Ibrahim, M. A. M., Lambert, J. A., Godfrey, M., Doerksen, R. J., & Muhammad, I. (2023). In vitro and in silico studies of neolignans from *Magnolia grandiflora* L. Seeds against human cannabinoids and opioid receptors. *Molecules, 28*(3), Article 1253. https://doi.org/10.3390/molecules28031253

山指甲

中文常用名稱： **山指甲**

英文常用名稱： **Chinese Privet**

學名 ： *Ligustrum sinense* Lour.

科名 ： **木犀科** Oleaceae

關於山指甲

山指甲是外來品種，在香港環境生長甚佳，常見於林緣、村旁、路邊。分布地區廣泛，有歸化成本地種的現象。本種具蜜源生態價值及草藥應用功能，但仍雖留意其群落入侵本地原生種的生境，理應管理和監察。

基本特徵資料

生長形態

常綠灌木或小喬木
Evergreen Shrub or Small Tree

樹幹

- 淺灰褐色 Pale greyish brown
- 不具裂紋 Not fissured
- 沒有剝落 Not flaky

葉

- 葉序：對生 Opposite
- 複葉狀態：單葉 Simple leaf
- 葉邊緣：不具齒 Teeth absent
- 葉形：卵形 Ovate
- 葉質地：紙質 Papery

花

- 主要顏色：白色 White ○
- 花期： 1 2 **3 4 5 6** 7 8 9 10 11 12

果

- 形狀：近球狀 Subglobose
- 主要顏色：紫黑色 Purplish black ●
- 果期： 1 2 3 4 5 6 7 8 **9 10 11 12**

其他辨認特徵

- 花具濃郁的香氣
- 葉面和葉底的中脈常被短柔毛

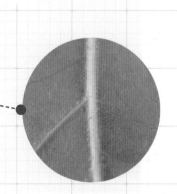

❶ 花冠細小，長3.5至5.5毫米，通常生長在枝條頂端或枝條與葉柄之間，整個花序看似錐狀，開花季節時，花具濃郁的香氣。

❷ 果實為漿果狀核果，小而密集，直徑約5至8毫米。

❸ 花冠有4片花瓣，有2枚雄蕊，花藥淡粉紫色，花冠基部花梗黃綠色。

❹ 山指甲可以灌木或小喬木狀態生長，圖中植株在沒有持續修剪及限制生長高度，可見其高度可達6至7米。植株位於中大科學館旁。

❺ 外來品種，在市區栽種的植株多被持續修剪而保持小灌木形態。

❻ 在郊區較少受人為干擾時，主幹較為明顯，分枝多而且枝葉茂密。

植物在中大

在VR虛擬環境中觀賞真實品種

３D植物模型

掃描QR code觀察立體結構

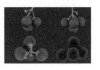

參考文獻

1. Cash, J. S., Anderson, C. J., & Gulsby, W. D. (2020). The ecological effects of Chinese privet (*Ligustrum sinense*) invasion: a synthesis. *Invasive plant science and management, 13*(1), 3–13. https://doi.org/10.1017/inp.2020.4

2. Turner, T. N., Dean, T. J., & Kuehny, J. S. (2022). Long-term suppression of hardwood regeneration by Chinese Privet (*Ligustrum sinense*). *Frontiers in Forests and Global Change, 4.* https://doi.org/10.3389/FFGC.2021.725582

白花羊蹄甲

中文常用名稱： **白花羊蹄甲、白花洋紫荊**

英文常用名稱： **White Bauhinia**

學名　　　　： *Bauhinia variegata* var. *candida* Voigt

科名　　　　： **豆科** Fabaceae

關於白花羊蹄甲

白花洋蹄甲是宮粉羊蹄甲（*Bauhinia variegata* L.）的變種，原產孟加拉、中國中南部、印度、尼泊爾的熱帶樹林，能適應熱旱的生境。花瓣白色，近全年開花結果，可運用在不同的庭園環境，亦常用作為行道樹。其花蕾可食用之餘，藥理作用包括抗氧化、消炎及殺癌細胞。巴西的研究團隊發現，本種的莖提取物能抑制子宮頸癌細胞。

基本特徵資料

生長形態

落葉喬木 Deciduous Tree

樹幹

- 暗褐色 Dark brown
- 具條紋 Striated
- 沒有剝落 Not flaky

葉

- 葉序：互生 Alternate
- 複葉狀態：單葉 Simple leaf
- 葉邊緣：不具齒 Teeth absent
- 葉形：羊蹄形 Goat's foot shaped
- 葉質地：紙質 Papery

花

- 主要顏色：白色 White ○
- 花期： 1 2 **3** 4 5 6 7 8 9 10 11 12

果

- 形狀：帶狀 Strap-shaped
- 主要顏色：綠色，成熟時黑色
  Green, black when ripe ●
- 果期： 1 2 3 **4** 5 6 7 8 9 10 11 12

其他辨認特徵

- 葉末端分裂成 2 邊鈍頭或半圓形，分裂
  的長度約 1/3 總葉長，葉片連接葉柄的
  部分為心形

❶ 花冠有5片花瓣，大小略有不同。有5條能育雄蕊，花冠中央位置，有1條較雄蕊略粗壯的結構為雌蕊。

❷ 最上方的花瓣較闊，具綠色及黃色條紋。花常在新葉長出前盛放。

❸ 果實為莢果，成熟時向兩邊裂開，通常隨後還會捲曲。

❹ 種子呈扁平的近圓狀，直徑約8至10毫米，莢果內藏多粒種子。

❺ 雖然常見於市區及郊區，但實為外來品種，在市區栽種時多為行道樹及園藝用途。圖中行道樹位於鰂魚涌海堤街。

❻ 主幹可高6至7米，分枝多且曲折，葉片多但並不濃密。

❼ 白花在開花季節盛放時，在山坡林蔭處分外顯眼，也頗為壯觀，攝於中大崇基學院教職員餐廳附近。

在VR虛擬環境中觀賞真實品種

3D植物模型

掃描QR code觀察立體結構

參考文獻

1. Santos, K. M., Gomes, I. N. F., Silva-Oliveira, R. J., Pinto, F. E., Oliveira, B. G., Chagas, R. C. R., Romão, W., Reis, R. M. V., & Ribeiro, R. I. M. A. (2018). *Bauhinia variegata candida* Fraction Induces Tumor Cell Death by Activation of Caspase-3, RIP, and TNF-R1 and Inhibits Cell Migration and Invasion *In Vitro*. *BioMed Research International*, 2018, Article 4702481. https://doi.org/10.1155/2018/4702481

2. Villavicencio, A. L. C. H., Heleno, S. A., Calhelha, R. C., Santos-Buelga, C., Barros, L., & Ferreira, I. C. F. R. (2018). The influence of electron beam radiation in the nutritional value, chemical composition and bioactivities of edible flowers of *Bauhinia variegata* L. var. *candida* alba Buch.-Ham from Brazil. *Food Chemistry, 241*, 163–170. https://doi.org/10.1016/j.foodchem.2017.08.093

石斑木

中文常用名稱： **石斑木、車輪梅、春花**
英文常用名稱： **Hong Kong Hawthorn**
學名　　　： *Rhaphiolepis indica* (L.) Lindl.
科名　　　： **薔薇科 Rosaceae**

關於石斑木

石斑木常用的別名是車輪梅、春花，本種屬於薔薇科，花結構特徵是有五片花瓣，雄蕊多數，本種是野生薔薇的縮影。其生長習性是灌木至小喬木，其整體樹型精緻，在春天開花時是一流的中層樹景。再加上其原生歷史，較能適應香港的氣候，是植林及建立市區生態的好選擇。其果實曾有可食用的記錄，為果食動物的糧食。研究發現其變種石斑木毛序變種具消炎成分，而石斑木亦是民間草藥之一。

基本特徵資料

生長形態

常綠灌木或小喬木
Evergreen Shurb or Small Tree

樹幹

- 灰褐色 Greyish brown
- 不具裂紋 Not fissured
- 沒有剝落 Not flaky

葉

- 葉序：互生 Alternate
- 複葉狀態：單葉 Simple leaf
- 葉邊緣：具齒 Teeth present
- 葉形：橢圓形 Elliptic
- 葉質地：革質 Leathery

花

- 主要顏色：白色 White ○
- 花期： 1 2 3 4 5 6 7 8 9 10 11 12

果

- 形狀：近球狀 Subglobose
- 主要顏色：梅色或黑色 Plum or black ●
- 果期： 1 2 3 4 5 6 7 8 9 10 11 12

其他辨認特徵

- 葉表面綠色，具有光澤
- 網狀葉脈於葉背非常明顯

❶ 花冠有5片白色略帶點淺粉紅色的花瓣，春回大地之時，石斑木的花盛放，所以有迎春花或春花的別稱。

❷ 花多繁密，容易吸引蜜蜂前來採蜜。

❸ 由於葉脈在葉背十分明顯，看起來像石斑魚的斑紋，所以名為石斑木。

❹ 花冠中有15枚雄蕊，長度與花瓣相近，雌蕊則有2至3枚。

❺ 果實為梨果，直徑約5毫米。

❻ 原生植物，是香港山邊常見的灌木之一，在山坡或灌木林中容易被發現。

❼ 主幹高度可達4米，對土質要求不高及耐旱；樹冠茂密、花朵密集而美麗，故常被栽種為園藝觀賞用途，攝於九龍寨城公園。

植物在中大

在VR虛擬環境中觀賞真實品種

3D植物模型

掃描QR code觀察立體結構

參考文獻

1. Lin, C. -H., Chang, H. -S., Liao, C. -H., Ou, T. -H., Chen, I. -S., & Tsai, I. -L. (2010). Anti-inflammatory biphenyls and dibenzofurans from *Rhaphiolepis indica*. *Journal of Natural Products, 73*(10), 1628–1631. https://doi.org/10.1021/np100200s

香港中文大學校園
100種植物導覽地圖

- Ⓐ 紅花檵木 / *p.2*
- Ⓑ 紅花荷 / *p.6*
- Ⓒ 錦繡杜鵑 / *p.10*
- Ⓓ 藍花楹 / *p.14*
- Ⓔ 宮粉羊蹄甲 / *p.18*
- Ⓕ 短穗魚尾葵 / *p.22*
- Ⓖ 楝 / *p.26*

- Ⓗ 火焰木 / *p.30*
- Ⓘ 象牙花 / *p.34*
- Ⓙ 黃牛木 / *p.38*
- Ⓚ 串錢柳 / *p.42*
- Ⓛ 木棉 / *p.46*
- Ⓜ 樟葉朴 / *p.50*

可用流動裝置掃描二維碼，以使用即時身處位置標示地圖功能，協助尋找標示植物的位置

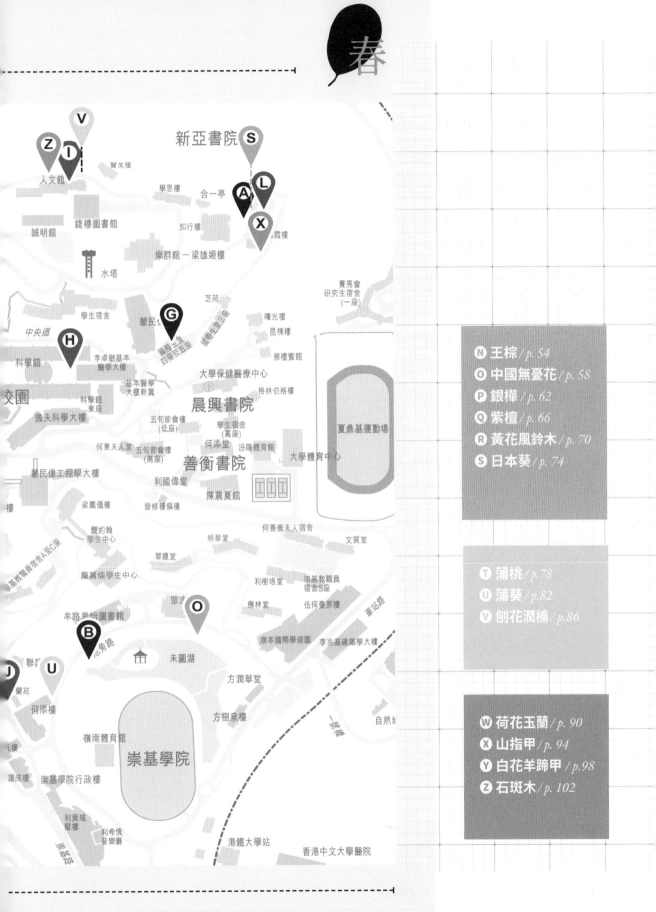

N 王棕 / *p. 54*
O 中國無憂花 / *p. 58*
P 銀樺 / *p. 62*
Q 紫檀 / *p. 66*
R 黃花風鈴木 / *p. 70*
S 日本葵 / *p. 74*

T 蒲桃 / *p. 78*
U 蒲葵 / *p. 82*
V 刨花潤楠 / *p. 86*

W 荷花玉蘭 / *p. 90*
X 山指甲 / *p. 94*
Y 白花羊蹄甲 / *p. 98*
Z 石斑木 / *p. 102*

團隊簡介

劉大偉 作者

香港中文大學生命科學學院胡秀英植物標本館館長

植物學家，曾參與多項有關植物分類學、草藥鑒定及藥理學的研究項目，專責管理「香港植物及植被」計劃。教研興趣包括本港生物多樣性、植物分類學、中藥鑒定及草藥園藝。

王天行 作者、編輯

香港中文大學生命科學學院胡秀英植物標本館教育經理

畢業於千禧年代的香港中文大學生物系，在STEAM教育工作有豐富經驗，曾參與建立香港植物及植被數據庫。十多年來製作或參與多個大型科普教育平台和教育計劃，希望透過科普教育將植物的科學知識傳遞給市民大眾，是胡秀英植物標本館「植物學STEAM教育計劃」的成員。

吳欣娘 作者

香港中文大學生命科學學院胡秀英植物標本館教研助理

畢業於香港科技大學。從小已對動植物感到好奇，愛在公園、山頭野嶺四處走動，喜愛繪畫和攝影以記下自然中的美。在館內參與關於植物的教研工作，「一沙一世界，一花一天堂」，希望透過本書令大眾及植物愛好者更認識和欣賞一直陪伴在我們身邊的一草一木。

王顥霖 3D 模型繪圖師

香港中文大學生命科學學院胡秀英植物標本館科研統籌員

香港大學環境管理碩士，日常工作涉及野外植物觀察和記錄、植物標本採集、植物辨識和鑒定等。研究範疇包括以3D技術記錄植物果實和種子的外形結構特徵，並建立虛擬3D果實種子資料庫。曾參與籌備的科研教育活動，包括VR植物研習徑、中小學植物學習課程等。

鳴 謝

贊助出版

伍絜宜慈善基金

協助及出版

香港中文大學出版社
編輯：冼懿穎
美術統籌：曹芷昕
插畫及排版：陳素珊

文字整理及編輯協助

李志皓	梁焯彥
李榮杰	湯文英
吳美寶	黃思恆
紀諾儀	葉芷瑜

植物照片拍攝

王天行	陳耀文
王曉欣	湯文英
王顥霖	曾淳琪
吳欣娘	黃思恆
李志皓	黃鈞豪
李敏貞	葉芷瑜
周祥明	劉大偉

虛擬植物生長環境拍攝

王天行
湯文英
黃思恆
葉芷瑜

（人名按筆劃排序）